“十三五”国家重点出版物规划项目
室内陈设设计丛书

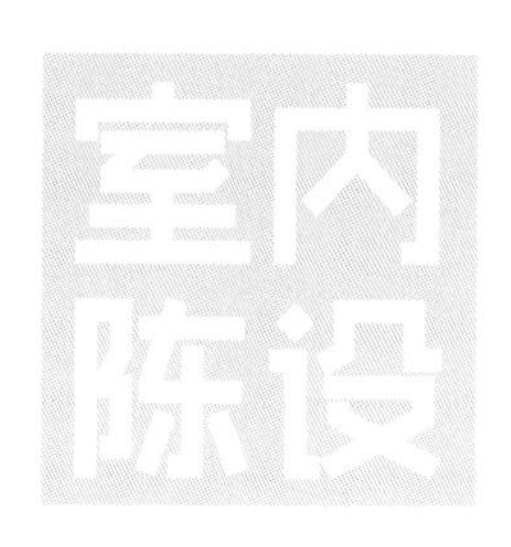

何杨　吕柠妍　编著

住宅室内陈设设计

The Design of Residential Interior Furnishings

湖南大学出版社

内容简介

本书从住宅室内陈设设计师的工作与学习入手，着重阐述了住宅室内陈设元素、陈设设计风格和陈设色彩设计等方面的内容，并结合陈设设计实例，详细介绍了住宅室内陈设设计项目的工作流程。

本书针对性、实用性强，可作为高等院校设计类专业教材，亦可作为陈设设计爱好者的参考读物。

图书在版编目（CIP）数据

住宅室内陈设设计 / 何杨，吕柠妍编著. 一 长沙：湖南大学出版社，2019.7

（室内陈设设计丛书）

ISBN 978-7-5667-1748-1

Ⅰ.①住… Ⅱ.①何…②吕… Ⅲ.①住宅-室内布置-设计 Ⅳ.①TS975

中国版本图书馆CIP数据核字（2019）第045926号

住宅室内陈设设计
ZHUZHAI SHINEI CHENSHE SHEJI

编　　著：何杨　吕柠妍
责任编辑：贾志萍
责任校对：尚楠欣
装帧设计：瓦鸥品牌
出版发行：湖南大学出版社
社　　址：湖南·长沙·岳麓山　　邮　　编：410082
电　　话：0731-88821691（发行部）88821174（编辑部）88821006（出版部）
传　　真：0731-88649312（发行部）88822264（总编室）
电子邮箱：pressjzp@163.com　　印　　张：8.5
网　　址：http://www.hnupress.com　　字　　数：263千
印　　装：湖南雅嘉彩色印刷有限公司
开　　本：787×1092　16开
版　　次：2019年7月第1版　　印　　次：2019年7月第1次印刷
书　　号：ISBN 978-7-5667-1748-1
定　　价：58.00元

总序

离开自然谈生活，离开生活谈环境，离开环境谈产品，这些都是对设计的误解。

按照业内人士的理解，软装包括陈设品的布置规划和陈设品的设计制作。随着软装业的兴起，室内设计、室内装修、产品设计、装饰设计等先前还彼此分离的一些专业或专业领域已经融为一体。我们意识到，这不仅是设计概念理解上的进步，同时也是设计教育领域发展的一次契机。

于是，中南林业科技大学的同仁们以此为切入点，编写了这套室内陈设设计丛书，尝试融入这一次设计进步的进程，顺应软装业迅猛发展的趋势。

不回避建筑室内空间设计的背景，试图从室内空间规划、实用和审美功能的预期、环境规划和设计理想的实施来整体做一件事情，这些软装设计原理将是本丛书的灵魂和核心。虽然是以整体的观点看待软装，但实施过程也还是具体的，存在着相对明确的分工，如空间设计、陈设品配置计划、陈设品设计等。于是，本丛书分为多册，涉及软装设计培训的整体和局部、基础和应用、规划和实施。其中，关于基础训练、基础理论、整体规划的相关书籍已经较多且水平较高了，我们只是出于保持丛书系统性的考虑而略抒己见，而将编写内容重点放在家具、饰品等产品的制作与配置上。尤其是饰品的设计与制作，以往被界定在工艺美术创作的范畴内，但业界早已大规模生产饰品，使其成为一种工业化产品。设计师必须接受这种事实，并更好地融入产业中。因此，本丛书用了较大的篇幅去探讨各类饰品的设计与制作，或许这将成为这套丛书的特色。

总之，一切都有赖于时间的检验。我们这次的设计教育探索也是如此。相信随着设计实践、设计产业的发展和深入，这种教育探索会逐渐趋于完善。

目录

PART 1

住宅室内陈设设计导论

1.1 认识陈设与住宅室内陈设设计

“陈设”一词从字面上看，可作动词，意为陈列、布置、摆设；也可作名词，意为摆设的物件。室内陈设内容丰富，包罗万象，是时代政治、经济、科技、文化、艺术、宗教、生活方式等的浓缩反映（图 1-1~ 图 1-3）。从广义上讲，室内空间中，除围护空间的建筑界面以及建筑构件外，一切实用或非实用的可供观赏和装饰的物品，都可以作为室内陈设（图 1-4、图 1-5）。

图 1-1 茶饮空间室内陈设

图 1-2 凡尔赛宫室内陈设

图 1-3 宏村承志堂室内陈设

图 1-4 装饰性产品

图 1-5 实用性产品

室内陈设设计也可称为室内摆设、室内装饰设计，俗称室内软装设计。住宅室内陈设设计就是针对住宅室内空间进行的陈设设计，是指在居室装修完成后，利用那些易更换、易变动位置的产品，如家具、灯饰、布艺纺织品、花艺绿植、装饰工艺品、画品、陈设艺术装置等，对室内空间的二次陈设与布置。设计师根据住宅室内环境的特征、功能需求、审美要求、使用对象要求、工艺特点等要素，进行住宅室内环境设计，通过对日用品和艺术陈设品的陈设，赋予住宅室内空间以更多的文化内涵和品位，体现一定的装饰风格，以满足使用者对居住空间的物质需求与精神需求（图 1-6~ 图 1-9）。

图 1-6 客厅一角陈设 彭薇娜

图 1-7 卧室室内陈设（1） 彭薇娜

Note：

图 1-8 书房室内陈设（1） 彭薇娜

图 1-9 卧室一角陈设（1） 彭薇娜

住宅室内陈设设计是住宅室内空间的延伸和发展，是赋予室内空间以生机与精神价值的重要元素。它对居室环境起到烘托气氛、创造意境情趣、丰富空间层次、强化风格、调节色彩、表述个人喜好等作用，是空间环境设计系统中与人关系最直接、最密切、最重要的方面（图 1-10~ 图 1-13）。

图 1-10 玄关陈设 邓莉文
创造居室意境情趣、丰富空间层次

图 1-11 卧室室内陈设（2） 彭薇娜
强化室内风格、柔化室内空间环境

图 1-12 书房室内陈设（2）
烘托室内气氛、柔化室内空间环境、调节环境色彩、表述个人喜好

图 1-13 室内一角陈设

1.2 住宅室内陈设设计的市场前景与发展趋势

1.2.1 住宅室内陈设设计的市场前景

中国经济持续四十多年高速增长，创造了极为丰富的现代物质文明。随着经济的发展、人们生活水平的提高，逐渐富裕起来的中国老百姓，在家居装饰中不再满足于物质化的、大众化的环境，开始对家居环境有更高要求，逐步追求有独特文化品位的室内空间。民众的住宅室内陈设观念从无意识时期进入有需求的时期。

“轻装修、重装饰”的装饰理念逐步盛行，已被不少家庭接受。人们开始注重后期陈设的效果，对室内陈设的资金投入日益增加。

由于国家政策的推动，大中城市房地产行业逐步推进精装修房进程。加之房地产利益的驱动，通过多年的发展，精装修房在众多大中城市楼盘销售中的份额正不断扩大。精装修房市场规模的快速增长，带来了陈设设计的服务需求，人们将更多通过后期配饰、软装饰进行居住环境的塑造，以满足自己的多元化需求。

我国住宅室内陈设设计的发展水平参差不齐，二、三线城市的市场尚处于孕育期。住宅室内陈设设计理念与大众的消费观念存在一定距离，大部分业主是自行选购或由室内设计师带领选购陈设产品的。目前，很多陈设设计服务处于免费状态，加之大部分客户对陈设设计的认可度还不高，因此陈设设计收费服务还存在一定困难。北京、上海、深圳等一线城市行业发展状况较好，陈设设计已逐步从室内设计中细分出来，一批专业的陈设设计公司出现了，很多室内设计公司也增设了陈设软装部。陈设设计市场前景被人们看好，陈设设计师应运而生，软装时代即将来临。

1.2.2 住宅室内陈设设计的发展趋势

（1）走向多元化的设计

人类社会不断复杂化，信息流通越来越发达，文化的更新转型也日益加快，这必然要求各种不同的文化服务于社会的发展，因而造就了文化的多元化。多元文化并存，必然会辐射到住宅室内陈设设计领域，不同的设计风格、不同的设计文化相互尊重与包容，安乐共存（图 1-14）。

Note：

图 1-14 卧室一角陈设（2） 彭薇娜

（2）走向生态化的设计

设计师应追求健康、环保、绿色的可持续发展的生态设计理念，对生态设计的关注已经成为住宅室内陈设设计师进行项目策划设计的重要内容（图 1-15）。

图 1-15 儿童房室内陈设 彭薇娜
追求绿色、环保是一种趋势

（3）走向品质化和个性化的设计

随着社会经济的发展和人们生活质量的提高，现代人更多地开始追求健康的生活方式、舒适的生活环境、高尚的生活品质。陈设艺术给人以极大的自由，人们可以通过陈设设计来营造不同的文化品位，来表现自己的审美倾向和个性特征，以加强室内环境的文化艺术氛围（图 1-16、图 1-17）。

图 1-16 卧室室内陈设（3） 彭薇娜
人们可以通过陈设设计表现自己的审美倾向

图 1-17 客厅室内陈设 彭薇娜
追求精致生活和品质化生活成为时尚潮流

1.3 住宅室内陈设设计师的工作与学习

1.3.1 住宅室内陈设设计师的工作

住宅室内陈设设计师是根据住宅室内环境特点、功能需要、审美要求，运用物质技术和艺术手段，对住宅室内空间环境进行陈设设计的专业人员。其从事的主要工作包括以下四点。

① 进行住宅室内空间环境陈设艺术的整体方案设计。

② 进行住宅室内空间环境陈设品的采买选配、布置摆场与安装设计。

③ 进行与住宅室内陈设艺术相关的安装结构、配套设备等设计。

④ 对住宅室内陈设艺术施工、安装进行指导检查。

Note：

1.3.2 住宅室内陈设设计师的学习

一名合格的住宅室内陈设设计师要具有完整的现代设计理念，具有深厚的美学基础及文化艺术功底，具有良好的个人修养和可持续发展的专业品质，具备一定的市场营销能力，具备团队合作精神。通俗地说，就是要具有能说、能写、能画的能力。能说就是具有良好的口头表达能力，即与团队和客户进行有效沟通交流、解说设计和汇报方案的能力；能写就是具有良好的书面表达（如撰写设计文本）能力；能画就是具备良好的设计能力与运用手绘和计算机软件熟练表现陈设设计方案的能力。

要成为优秀的住宅室内陈设设计师，必须经过不断学习。这种学习主要包括大学教育专业学习、职业教育提升学习。

（1）住宅室内陈设设计师的大学教育专业学习

室内陈设设计专业方向的大学学习除政治、数学、外语、体育等一般课程外，大致包括以下几个方面的课程。

① 造型基础方面：包括设计素描、设计色彩、设计速写、二维设计基础、三维设计基础等。

② 设计表达方面：包括表现技法、设计制图、工程制图、计算机辅助设计等。

③ 设计理论方面：包括陈设设计原理、人体工程学、风格与流派、设计美学、设计心理学、设计史、设计思潮以及相关的艺术理论等。

④ 工程技术方面：包括室内构造以及施工工程等。

⑤ 专业设计方面：包括由简单到复杂的各种空间类型的室内与陈设设计、家具设计、设计研究等。

（2）住宅室内陈设设计师的职业教育提升学习

住宅室内陈设设计师的职业教育提升学习途径多样。设计师应在体验中学习，提升设计素养，提高实际设计能力，缩短就业适应期，增强就业竞争力。提升学习有如下一些主要途径。

① 设计实习：去设计公司实习，是每个设计师进入职业生涯必须经历的过程，是提升学习的必要途径。

② 参加培训：职业培训和设计培训是进入职业状态和快速提升设计能力的有效途径。目前国内的室内陈设设计培训相当多，水平参差不齐，选择时要考察清楚。

③ 看展会：多看展会可利于了解行业发展趋势和动态。每年国内外都有许多重要的家居类展会，如深圳国际家具饰品展、上海国际家具家饰展、广州设计周、广州国际家具家饰展、香港国际家具饰品展、法国家居装饰博览会、意大利米兰家具展、德国科隆国际家具展、德国法兰克福消费品展等（图 1-18~ 图 1-23）。

图 1-18 深圳国际家具饰品展场景

图 1-19 上海国际家具家饰展场景（1）

Note：

图 1-20 上海国际家具家饰展场景（2）

图 1-21 上海国际家具家饰展场景（3）

图 1-22 广州设计周场馆

图 1-23 广州设计周设计 + 选材博览会场景

④ 逛卖场：多走访大型家具、家居饰品卖场，多与产品导购人员交流和学习，了解市场与客户需求。除熟悉本地的陈设产品卖场以外，设计师还要多看一线城市的陈设产品卖场，如深圳艺展中心（图 1-24）。设计师应了解产品资源，对陈设产品的品牌、产地、规格、工艺、价格等方面要熟悉。厂商一般都愿意把产品资料的电子档发给陈设设计师，陈设设计师要利用这些资源建立自己的产品资料库，这样在做方案设计时，才能得心应手（图 1-25~ 图 1-31）。

图 1-24 深圳艺展中心

图 1-25 漆艺产品

图 1-26 铂晶 + 木陈设产品

图 1-27 现代陶艺产品

图 1-28 水晶陈设产品

图 1-29 生活日用陈设品

图 1-30 水泥花器

Note：

图 Photo	名称 Name	编号 Model	2015年零售价 Retail price	主体材料 Main material	规格（mm） Specifications(mm)	重量（kg） Weight(kg)	光源 Lamp	配件颜色 Match colors	电线颜色 Wire color	电线长度（m） Wire length(m)
	U（吊灯） U	LT-HM-U-BK LT-HM-U-BKG	￥1,180.00	大理石，金属 Marble,Metal	Ø96×180	1.3	E27 LED3W	● ●	●	2
	U（吊灯） U	LT-HM-U-WT LT-HM-U-WTG	￥1,180.00	大理石，金属 Marble,Metal	Ø96×180	1.4	E27 LED3W	● ●	●	2
	盔（吊灯） KUI	LT-HM-KUI-BK LT-HM-KUI-BKG	￥1,280.00	大理石，金属 Marble,Metal	Ø110×115	0.9	E27 LED3W	● ●	●	2
	盔（吊灯） KUI	LT-HM-KUI-WT LT-HM-KUI-WTG	￥1,280.00	大理石，金属 Marble,Metal	Ø110×115	1	E27 LED3W	● ●	●	2
	且（吊灯） QIE	LT-HM-QIE-BK LT-HM-QIE-BKG	￥1,380.00	大理石，金属 Marble,Metal	S：Ø96×162	1.33	E27 LED3W	● ●	●	2
	且（吊灯） QIE	LT-HM-QIE-WT LT-HM-QIE-WTG	￥1,380.00	大理石，金属 Marble,Metal	S：Ø96×162	1.7	E27 LED3W	● ●	●	2
	上（吊灯） SHANG	LT-HM-SHANG-BK LT-HM-SHANG-BKG	￥1,980.00	大理石，金属 Marble,Metal	Ø220×240	1.33	E27 LED3W	● ●	●	2
	上（吊灯） SHANG	LT-HM-SHANG-WT LT-HM-SHANG-WTG	￥1,980.00	大理石，金属 Marble,Metal	Ø220×240	1.7	E27 LED3W	● ●	●	2
	棒（吊灯） BANG	LT-HM-BANG-BK LT-HM-BANG-BKG	￥1,080.00	大理石，金属 Marble,Metal	Ø40×310	1.2	G9 LED1.5W	● ●	●	2
	棒（吊灯） BANG	LT-HM-BANG-WT LT-HM-BANG-WTG	￥1,080.00	大理石，金属 Marble,Metal	Ø40×310	1.3	G9 LED1.5W	● ●	●	2
	日（台灯） RI	LT-HM-RI-BK LT-HM-RI-BKG	￥1,680.00	大理石，金属 Marble,Metal	Ø96×235	1.7	E27 LED3W	● ●	●	2

图 1-31 陈设设计相关产品资料

⑤ 关注专业杂志：设计师可通过相关杂志了解专业资讯与设计趋势，学习优秀的设计，保持设计敏锐度。一些相关专业杂志有《家具与室内装饰》《瑞丽家居》《TOP 装潢世界》《时尚家居》《缤纷》《世界家苑》《美好家园》《家饰》《家居主张》《现代装饰》以及 *DOMUS*、*ELLE DECOR*、*CASA BRUTUS*、*DESIGN DIFFUSION NEWS* 等（图 1-32~ 图 1-34）。

室内陈设设计是一门综合性和边缘性很强的学科，因此一个优秀的室内陈设设计师必须具有广博的知识面。知识的获得可以通过多方面的途径，除此之外，设计师还要关注身边的美好事物，积极参与相关的设计赛事。

住宅室内陈设的实践性很强，学习方法上，要注意理论与实践相结合，多看、多积累、多做，多在实践和案例中练手，提升解决实际问题的能力。此外，设计师要培养良好的设计意识与设计思维，培养整体思考的思维方式。

图 1-32 《家具与室内装饰》杂志封面与封底

图 1-33 《瑞丽家居》杂志封面

图 1-34 *ELLE DECOR* 杂志封面

JOHN DERIAN

PART 2

住宅室内陈设元素

住宅室内陈设元素是指在住宅室内所用到的家具、布艺纺织品、灯饰、摆件、挂件等一切具有实用性或装饰性且可移动、易更换的产品，也叫家居配饰产品。

住宅室内陈设项目的成功与否很大程度上取决于设计师对于陈设元素的运用和搭配是否合理。如何对元素进行搭配、组合？设计师需要从居室的大小、形状和用户的生活习惯、兴趣爱好、经济情况等方面着手，从整体上策划方案，然后有效选取家居产品、核定尺寸、协调摆放位置等。整个过程涉及几十个商家的上百种或上千种产品，这就需要设计师具备生活的洞察力，产品的选择力，空间的理解力、构成力及演示力等多种综合能力，这样才能统筹构筑具有魅力的居住空间环境（图 2-1）。

图 2-1 陈设元素搭配

2.1 家具

家具是生活的必需元素，是住宅室内陈设中具有较高实用性的陈设产品，是体量最大的配饰产品之一。从人类社会早期的活动开始，家具就扮演着重要角色，它是某一历史时期社会生产力发展的标志和某种生活方式的缩影。除了它本身的使用功能属性，即满足最基本的生活起居要求，家具在居室室内环境中还起着组织、塑造、优化、烘托空间的作用，与其他陈设元素一同构成完整的住宅室内环境，从而反映居住者的职业特征、审美趣味和文化修养（图 2-2）。

图 2-2 陈设元素对住宅室内空间的组织

在居室空间中，家具不是用来进行简单意义上的空间填充和随意摆放，而是用于满足空间规划、布局以及功能使用等要求，营造氛围，烘托居室室内风格。

家具一般都包含材料、结构、外观形式和功能四种因素。功能是先导，是推动家具发展的动力。任何一件家具，都是为了一定的功能目的而设计制作的。按功能类型划分，家具大致可以分为支撑类家具、储藏类家具、装饰类家具，更具体地说是沙发类家具、床类家具、桌几类家具、柜类家具、椅凳类家具；按功能区域划分，家具可以分为客厅家具、餐厅家具、卧室家具、书房家具等。选择家具前，设计师须严谨地考虑整体平面图的规划，为后续工作节省大量时间和精力。

2.1.1 客厅家具

客厅很多时候也被人称为起居室，作为家庭的活动中心，是主人接待客人的地方，也是一家人共享天伦的空间。客厅的陈设设计要注重以人为本的设计理念，以家具配合人的生活，而不是让人去适应家具。客厅通常配备不同大小类别的沙发、桌几、陈列柜、收藏柜、电视柜等。

沙发是客厅陈设的灵魂，不论客厅的功能是什么，主体沙发都是必不可少的家具。扎实的框架、紧实有弹性的填充物和完美无瑕的压线，是保证沙发持久耐用的重要因素，此外，坐陷深度、靠背倾斜度、扶手高度都会影响沙发的舒适度（图 2-3、图 2-4）。

Note：

图 2-3 客厅中的沙发组合

玄关一般是连通客厅的，它不仅是进出家门的地方，也是整个空间风格的起始点。玄关承接人们进出往来，许多人还会在这里换鞋、穿外套和最后确认妆容。玄关柜、玄关桌或长凳是玄关的首选家具，再配上鲜花、简洁实用的桌摆和可调节明暗的台灯，可打造舒心的氛围。在空间允许的情况下，除大件家具之外，玄关处还可添置一些小家具以配合整体风格并增加实用性，比如放一张别致的布艺沙发用来换鞋，添一个衣帽架用来挂一些常用的衣物，还有显眼的装饰镜和台灯，不仅方便整理妆容，也可制造极强的视觉焦点（图 2-5、图 2-6）。

图 2-5 玄关家具

图 2-4 沙发样式

图 2-6 玄关柜

客厅家具应根据使用者的需要做相应的调整。如果业主喜欢安静地阅读，那么舒适的贵妃椅或者单人沙发再配一个小书架和阅读灯为较佳选择；如果业主喜欢看电视，那么客厅的主题就要围绕电视墙展开。

2.1.2 餐厅家具

餐厅是居住者用餐的空间，是享受美食、畅所欲言的地方，不论是颜色还是布置都应该让人觉得放松、愉悦。通常，餐桌是餐厅无可争议的主角，陈设设计师应该根据不同的平面结构和功能需求来决定桌面的形状，比如相对于方形餐桌，圆形餐桌更适合聊天、聚会（图 2-7、图 2-8）。如需较多的储物空间，就要求餐边柜功能齐全，它既可以用于储藏餐具、桌布、餐巾，还可以在聚餐时作为临时操作台。

图 2-7 方形餐桌

图 2-8 圆形餐桌

Note：

2.1.3 卧室家具

卧室是所有房间中除卫生间以外最私密的空间，也是最浪漫、最具个性的地方。舒适的卧室是睡眠品质良好的保证，温馨柔和的色彩搭配、舒适的床品、良好的通风和绿色盆栽都能增加卧室的和谐感，让人彻底放松下来。卧室是彻底展现个性的私人空间，法国国王路易十四把宴会厅和沙龙场所装饰得奢华繁复，他的卧室装修风格却很简洁。对卧室家具和饰品的选择可以充分展现主人的喜好，从床开始就有许多风格可供选择。卧室除了给我们提供一个舒适的睡眠环境，还兼具储物功能，一般还需配备衣柜、床头柜、床尾凳、五斗柜等（图 2-9、图 2-10）。另外，还需根据使用者（如儿童、老人）的不同调整相应的家具。

图 2-9 卧室家具

图 2-10 卧室家具与陈设

2.1.4 书房家具

书房是阅读、书写、业余办公或接待客人的场所，虽然是专心工作、学习的地方，但不能毫无风格、过于单调乏味，反而需要精心陈设，注重简洁、明净。我们需从书桌入手配置书房的家具，此外还需配备书架、座椅、角几等家具（图 2-11、图 2-12）。如果使用者希望在卧室或客厅中辟出一角来工作、学习，那么书桌的风格就要配合卧室或客厅的整体风格。

图 2-11 书房家具与陈设

图 2-12 书房

2.2 布艺纺织品

布艺纺织品是面积最大的陈设元素之一，是柔化室内生硬线条、营造华美居住环境、点缀格调生活空间不可或缺的要素。丰富多彩的布艺装饰为居室营造出或清新自然、或典雅华丽、或高调浪漫的格调，已经成为空间中的“主将”。通常，人们把窗帘、床品、地毯、桌布桌旗、抱枕等都归到家纺布艺的范畴，通过各种布艺纺织品之间的搭配，有效地呈现空间的整体感（图 2-13~ 图 2-15）。设计者可根据使用者的喜好和房间的功能、风格、采光与周围环境等情况，通过整体考虑选择布艺产品，从而取得空间的稳定感与平衡感，达到锦上添花的效果。

Note：

图 2-13 布艺沙发

图 2-14 布艺陈设产品

图 2-15 布艺抱枕

2.2.1 布艺纺织品的基本知识

要了解布艺纺织品，我们先要对布料的品种、质地、纹样、性能等有所了解，在进行陈设布艺的设计和创作时，选择合适的面料来搭配使用。

（1）布料的分类

① 布料按材料种类来分，大致可分为棉、麻、丝绸、呢绒、皮革、化纤、混纺。

a. 棉：各类棉纺织品的布料（图 2-16）。棉质类布料轻软保暖，质地柔和贴身，防过敏，易清洗，吸湿性、透气性好，但易缩、易皱、易变形，外观上不大挺括美观，须时常熨烫。

b. 麻：以大麻、亚麻、苎麻、黄麻、剑麻、蕉麻等各种麻类植物纤维制成的一种布料（图 2-17）。它的优点是轻便，强度极高，吸湿性、导热性、透气性甚佳；缺点则是不如棉布贴肤舒适，外观较为粗糙、生硬。

c. 丝绸：以蚕丝为原料纺织而成的各种丝织物的统称（图 2-18）。它的品种很多，个性各异。其长处是轻薄、柔软、滑爽、透气，色彩绚丽，富有光泽，高贵典雅，贴肤舒适；不足则是易皱，容易吸身，不够结实，褪色较快。

d. 呢绒：又叫毛料，它是对用各类羊毛、羊绒织成的织物的泛称（图 2-19、图 2-20）。其优点是防皱耐磨，手感柔软，高雅挺括，富有弹性，保暖性强；缺点主要是洗涤较为困难。

图 2-16 棉布

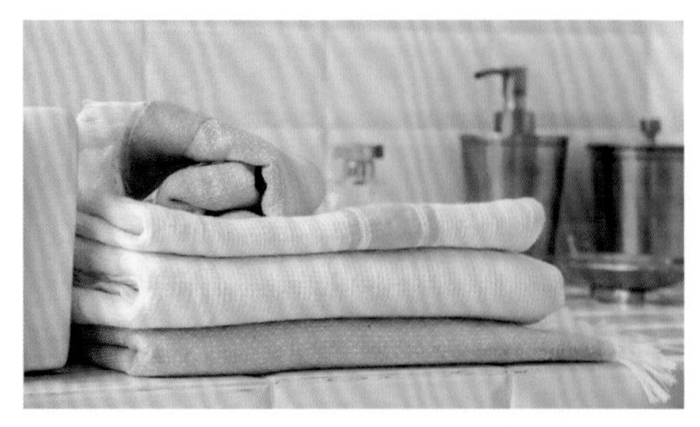

图 2-17 麻料

图 2-18 丝质床上用品

图 2-19 呢绒料

图 2-20 毛料床上用品

e. 皮革：经过鞣制而成的动物毛皮面料（图2-21、图2-22）。它又可以分为两类：一是革皮，即经过去毛处理的皮革；二是裘皮，即处理过的连皮带毛的皮革。真皮色泽暗淡柔和，仿皮则色泽明亮。它的优点是有一定的呼吸性能，耐用程度高，耐高温，轻盈保暖，雍容华贵；缺点则是价格昂贵，对贮藏、护理方面的要求较高。

f. 化纤：化学纤维的简称。它是利用高分子化合物为原料制作而成的纤维纺织品，通常分为人工纤维与合成纤维两大门类，人工纤维包含涤纶、锦纶、腈纶、维纶、氯纶、氨纶。其优点是色彩鲜艳，质地柔软，悬垂挺括，滑爽舒适；缺点则是耐磨性、耐热性、吸湿性、透气性较差，遇热容易变形，容易产生静电。

g. 混纺：将天然纤维与化学纤维按照一定的比例混合纺织而成的织物。它的长处是既吸收了棉、麻、丝、毛和化纤各自的优点，又尽可能地避免了它们各自的缺点，而且价格相对低廉，所以大受欢迎。

图2-21 皮料（1）

图2-22 皮料（2）

② 根据面料的制作工艺来分，布料可以分为染色布、色织布、印花布、提花布、提花印布、色织提花布。

a. 染色布：在白色胚布上染上单一颜色，用这种工艺做成的布称为染色布。染色布多素雅、自然，适合各种装饰风格（图2-23）。

图2-23 染色布料

b. 色织布：根据图案需要，先把纱线分类染色，再经交织而构成色彩图案，用这种工艺做成的布称为色织布。色织布立体感强，纹路鲜明，且不易褪色（图2-24）。

图2-24 色织布料

Note：

c. 印花布：在素色胚布上用转移印花和渗透印花的方式印上色彩、图案，用这种工艺做成的布称为印花布。印花布色彩艳丽、图案丰富且表现细腻（图 2-25）。

图 2-25 印花布料

d. 提花布：经纱和纬纱相互交织形成凹凸有致的图案，用这种工艺做成的布称为提花布。提花布最大的优点就是纯色自然、线条流畅且风格独特，简单中透出高贵的气质，能很好地与各式家具搭配，这一点非印花布所能媲美；而且提花面料与绣花和花边结合，更能增添面料的美观性。用这种面料设计出来的产品大气、奢华，一般可用于中高档窗帘、沙发布料（图 2-26）。

图 2-26 提花布料

e. 提花印布：把提花和印花两种工艺结合在一起织造的面料称为提花印布。这种面料最大的特点就是花型富有层次感，多应用于高档窗帘。

f. 色织提花布：在织造之前就把纱线染成不同的色彩再进行提花，用这种工艺做成的布称为色织提花布。此类面料不仅提花效果显著，而且色彩丰富柔和，是提花面料中的高档产品，一般用于高档的床上用品。

（2）常见的布艺装饰纹样

布艺的装饰纹样可以有效地影响、调节居室的主题色调，表达不同的风格特点，加强室内空间陈设风格，营造空间氛围。正确运用布艺装饰纹样，可以让设计作品亮点突出。例如，具有简洁抽象几何图案的布艺品，能衬托现代感强的空间；有浓重色彩、繁复花纹的布艺品，适合具有古典或豪华风格的空间；带有中国传统图案的织物，最适合具有中国古典风格的空间。此外，不同装饰纹样的布艺品也可以用来做混搭，有很强的表现力。

常见的布艺装饰纹样有以下几款。

① 菱形纹：菱形纹早在几千年前就在世界上很多国家和地区被广泛使用（图 2-27、图 2-28）。至今，菱形图案仍然经久不衰地活跃在一些奢侈品的设计中。菱形图案本身的对称性，使它天生就具备了均衡的线面造型，给人以心理稳定与和谐之感。

图 2-27 菱形纹

图 2-28 苏格兰菱形纹

② 条形纹：生活中最常见的经典纹样（图 2-29、图 2-30）。一般来说，垂直方向的条纹能让人的视线在高度上有所延伸，可以让空间感觉更高；水平方向的条纹能让人的视线在宽度上延伸，让空间感觉更宽。条纹还可以用来平衡空间的颜色，能作为百搭纹样。在表现传统或者摩登氛围的空间中，条纹都可以发挥它的特性。

图 2-29 细条纹

图 2-30 宽条纹

③ 格纹：格纹是线条纵横交错组合而成的纹样，带有俏皮、亲和、浪漫之感（图 2-31、图 2-32）。它特有的一种持续感和时髦感，引得很多人对它情有独钟。设计师巧用格纹，可以让整个室内空间散发出秩序美和亲和力，但格纹跳跃显眼，因此要避免大面积使用。

图 2-31 格子纹

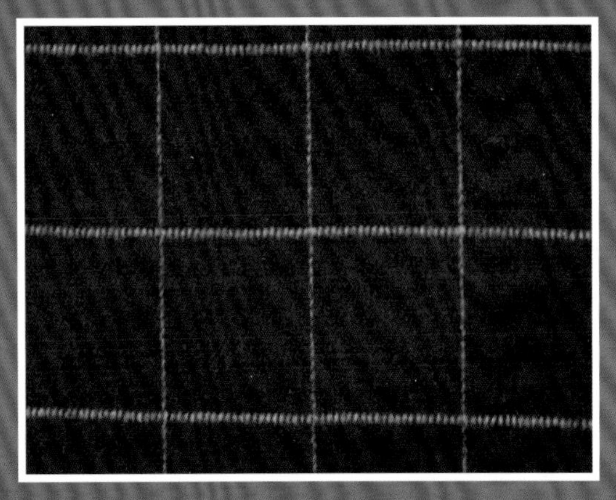
图 2-32 大格纹

④ 回纹：中国的传统纹样，已有几千年的历史，常以四方连续组合，俗称“回回锦”（图 2-33、图 2-34）。最初，回纹是人们从自然现象中获得灵感而用在陶器和青铜器上做装饰用的；到了宋代，回纹被装饰在盘、碗、瓶等器物的口沿或颈部；明清时期，在织绣、地毯、木雕、漆器、金钉以及建筑装饰的边饰和底纹上，回纹被广泛应用。由于这种整齐划一、绵延丰富的图案寓意吉利深长，后世之人便赋予它诸事深远、绵长的意义，民间称之为“富贵不断头”。

图 2-33 回纹

图 2-34 回形纹样

⑤ 碎花纹：碎花纹是田园风格和小清新风格的主要元素，无论是在法式田园风还是英式田园风中，碎花图案都是窗帘、桌布桌旗常用的图案（图 2-35、图 2-36）。但在陈设设计中要注意，一个空间中的碎花纹样不宜用得太多，否则就会显得杂乱。

图 2-35 碎花纹

图 2-36 清新碎花纹

⑥ 卷草纹：又称卷枝纹或卷叶纹，因盛行于唐代，故又名唐草纹。卷草纹不是以自然中某一种植物为具体对象，而是将多种植物的特征集于一身，多取忍冬、荷花、兰花、牡丹等花草，采用夸张和变形的方法创造出来的一种意象性装饰样式（图 2-37、图 2-38）。卷草纹经处理后以"S"形波状曲线排列，形成连续草叶纹样装饰，花草造型多卷曲圆润，寓意吉利祥和、富贵延绵。

图 2-37 卷草纹

图 2-38 卷草纹图样

⑦ 莫里斯纹：莫里斯纹是以英国工艺美术运动领导人威廉·莫里斯的名字命名的。莫里斯的图案设计之精美，得益于他少年时期对植物的深入仔细观察，他设计的图案以装饰性的植物主题纹样居多，藤、叶按曲线层次分解穿插，排序紧密，互借合理，色彩统一素雅，多以白、米、蓝、灰、红为主体色，带有中世纪田园风格的美感，具有强烈的装饰性（图 2-39、图 2-40）。

图 2-39 莫里斯纹（1）

图 2-40 莫里斯纹（2）

⑧ 佩斯利纹：“佩斯利”，英文叫 paisley，又称“火腿纹样”或“克什米尔纹样”，特点是像水滴一样的形状，配上许多花花草草作为装饰（图 2-41、图 2-42），这种设计据说源自菩提树叶或海枣树叶，这类树有“生命”的象征意义。这种图案以适合表现古典、华贵的形式而备受推崇，较多地运用于欧式风格布艺中，甚至影响着当代其他艺术设计。

图 2-41 佩斯利纹（1）

图 2-42 佩斯利纹（2）

⑨ 大马士革纹：人们在生活中提到欧式风格，必然会联想到大马士革纹，它是由中国格子布、花纹布通过古丝绸之路传入大马士革城后演变而来的。它的花型大多数时候是一种写意的花型，在自然界中是不存在的。这种来自中国的图案在当时深受当地人的推崇和喜爱，表现形式也千变万化，并且在西方宗教艺术的影响下，得到了更加繁复、优雅的演化。人们将一些小纹饰以抽象的四方连续图案连接起来，并将其视为甜蜜和永恒的爱情象征。这种带有表现雍容华贵之感图案的美丽织物被大量生产后，就开始在古代西班牙、意大利、法国和英国等欧洲各国热销，很快风靡宫廷、皇室、教会等上层阶级。直到现在，大马士革纹都是欧式风格布艺的最经典纹饰。现在人们把菱形、盾形、椭圆形、宝塔状的花型纹样都称作大马士革纹，有时美式乡村风格、地中海风格也常用这种图纹（图 2-43、图 2-44）。

图 2-43 大马士革纹

图 2-44 大马士革纹墙纸

2.2.2 家用布艺纺织品的类型

布艺纺织品按功能分，主要分为布艺窗帘、床品和地毯等几大类（图 2-45、图 2-46）。

图 2-45 纺织布料

图 2-46 布艺产品

（1）布艺窗帘

从传统意义上来说，窗帘的作用是装饰、遮光、避风沙、降噪声、防紫外线等。随着大众生活水平的提高，人们对窗帘提出了更高的功能要求，要求它能起到装饰作用，准确地辅助设计风格，营造美好的居住环境。在现代住宅室内陈设中，窗帘上升到了装饰房间的主角地位，它和墙面、墙纸构成整个立面的效果呈现主体。合适的窗帘会为家庭装饰起到画龙点睛的效果，直观地体现不同的风格品位（图 2-47、图 2-48）。

图 2-47 窗帘

图 2-48 家居装饰窗帘

窗帘款式多样，已被广泛应用在我们居住生活的各种空间之中。一般来说，窗帘可以分为成品帘和布艺帘两大类。成品帘包含卷帘、折帘等，大多用于公共空间或住宅室内空间里相对较小的窗子，较适合现代简约风格的家居陈设。在住宅室内陈设中用得更多的是布艺窗帘，布艺窗帘通常由帘体、辅料、配件三大部分组成。帘体包括窗幔、窗身和窗纱，窗幔是装饰窗不可或缺的一部分，一般与窗身采用相同的面料，款式多样，有平铺、打折、水波、综合等样式。辅料由窗樱、帐圈、窗襟衬布、饰带、花边等组成。配件则有侧钩、绑带、窗钩、窗带、配重物等。我们选择窗帘样式的时候，首先要考虑空间尺寸，其次要考虑居室的整体氛围效果，看花色、材质是否与整体陈设相协调。

① 布艺窗帘按照面料成分划分，可分为很多种类，较为常见的有棉质窗帘、亚麻窗帘、纱质窗帘、丝质窗帘、雪尼尔窗帘、植绒窗帘、人造纤维窗帘等。每种材质有各自的特性：棉、麻为制作窗帘的常用材料，易于洗涤和更换；丝绸等材料比较高档，价格相对较高；人造纤维功能性强，应用广泛。

a. 棉质窗帘：由天然棉花纺织而成，触感好，吸水性、透气性佳，色泽鲜艳，但不耐光照，容易缩水（图 2-49）。

图 2-49 棉质窗帘

b. 亚麻窗帘：亚麻由植物的茎秆抽取出的纤维织成，有粗麻和细麻之分。亚麻窗帘有朴实自然的质感。其缺点是缺乏弹性，染色不易，色彩的选择性少，清洗后易产生褶皱、缩水走形，容易褪色（图 2-50）。

c. 纱质窗帘：透光性好，飘逸轻盈，美观凉爽，能增强室内光感和纵深感，但遮光能力差，如用在卧室则最好作为窗帘的内层（图 2-51）。

图 2-50 亚麻窗帘

图 2-51 纱质窗帘

d. 丝质窗帘：这种窗帘的材质是由蚕茧抽丝而制成的天然材质，触感顺滑，色泽光鲜亮丽，显得十分贵气，但价格较高，护理麻烦（图 2-52）。现在市场上应用较多的是混合丝绸，功能性相对较强，使用寿命也长，其价格相比真丝却便宜很多。

图 2-52 丝质窗帘

e. 雪尼尔窗帘：雪尼尔是一种特殊的材质，是新型的花式纱线，一般又称作绳绒。它通常是由两根股线做芯线，通过加捻将羽纱夹在中间纺制而成。其手感柔软舒适，并且十分厚实，遮光性强，具有垂坠感，能做出各种花色及造型，适合多种风格，且表面花型有凹凸感、立体感，显得典雅高贵（图 2-53）。

f. 植绒窗帘：手感柔软，质地细腻，垂坠感强，色牢度较强，遮光性好，适合营造奢华艳丽的氛围，但价格相比雪尼尔和丝质面料要低（图 2-54）。缺点是吸尘力强，厚重且不易清洗。

g. 人造纤维窗帘：人造纤维是市场上现在运用最广泛的窗帘材质，染色性极佳，功能性超强，耐日晒，耐摩擦，且不易变形（图 2-55）。

图 2-53 雪尼尔窗帘

图 2-54 植绒窗帘

图 2-55 人造纤维窗帘

② 布艺窗帘根据开启方式的不同，可分为横向开启的平拉式窗帘、掀帘式窗帘和纵向开启的罗马帘、奥地利帘、气球帘及抽拉抽带帘等几种。

a. 平拉式窗帘：它是最常见的窗帘样式，分为一侧平拉式和双侧平拉式两种。平拉式窗帘款式简洁，不需要多余的装饰，价格也比较便宜。但其样式单一，如加入独特的纹样或花边，则能产生赏心悦目的视觉效果（图 2-56）。

b. 掀帘式窗帘：它也是一种常见的平开帘，在窗帘或高或低的部位系一个绳结，既可以把窗帘掀向两侧固定，又可以起到装饰作用，形成漂亮的对称弧线，尽显柔美的气质（图 2-57）。

c. 罗马帘：可分为单幅折叠帘和多幅并挂的组合帘。它使用简便，升降自如，造型别致，尽显雍容华贵（图 2-58）。

d. 奥地利帘：形态比较规整，帘体两端收拢，呈现出一种浪漫婉约的仪式感，是一种比较流行的窗帘。它能做大型的垂帘，营造一种浪漫、温馨的室内氛围（图 2-59）。

Note：

图 2-56 平拉式窗帘

图 2-57 掀帘式窗帘

图 2-58 罗马帘

图 2-59 奥地利帘

e. 气球帘：和奥地利帘一样，帘体背面固定套环，通过绳索套串，实现上下移动。相比之下，不像奥地利帘那样严谨排列，它的帘体两端一般随意下垂，褶皱也很自然，显得更为休闲，体现出一种随性、闲适的美感（图 2-60）。

图 2-60 气球帘

Note：

f. 抽拉抽带帘：指在中央用绳索向上拉，下摆处随着织物的柔软度产生自然随意的造型的窗帘。这类窗帘适用于窄而高的窗户，但因为抽带固定不是很灵活，开启和闭合都不是太方便，所以多起装饰作用（图 2-61）。

图 2-61 抽拉抽带帘

（2）床品

卧室是最能体现生活素质的地方，而床则是卧室的中心，是视觉功能和使用功能的双重中心。床上用品如被子、床单、枕头等，在卧室的氛围营造方面具有不可或缺的作用，最能体现设计者与房屋主人的兴趣、修养和身份（图 2-62）。在住宅室内陈设中，床上用品的面料除有内在的质量要求外，还要有好的外观，布料的强度、吸湿性、耐磨性、贴肤性都应较好，色牢度应符合国家标准，缩水率应控制在 1% 以内。

床上用品常使用的面料有纯棉、亚麻、真丝、涤棉、涤纶、腈纶等，各有其优缺点，其中最常用的是涤棉和纯棉。随着生活水平的提高，人们对于物质的审美要求也有所提高，在室内陈设中，不再单把床品当作耐用品，而是选择多套床上用品，依据环境及心情的不同来搭配。床上布艺除本身的使用功能和营造各种风格的作用外，还可起到适应季节变化、调节心情的作用。例如春夏可以使用清新淡雅的床品，达到心理降温作用；而秋冬就可以使用一些热情张扬的暖色调床品，以产生视觉的温暖感。床品搭配合理，能给卧室增添美感与活力。

图 2-62 营造氛围的床上用品

床品的选择与陈设按常规处理是指将床品按被面、压毯、抱枕等组成一个系统，与硬装色调相融合，利用纹样和色彩营造出既统一又有变化的空间效果。床品的选择与陈设原则如下。

① 选择合适的床品面料。床品与身体直接接触，面料的肤触感越好，越柔细，越容易使人入睡。最好挑选质地柔软的面料，如棉、丝等，这类面料做床品手感好，保温性强，也便于清洗。其他材料如麻、毛料、蕾丝，一般都作为辅助面料搭配。

② 呼应空间主题。要与整个卧室的风格保持一致，不同的床品搭配不同的格调，不同主题的居室中选择不同的色调。

③ 合理搭配单品。各单品之间完全同花色是最保守的选择，要想效果好则需要采用同色系、不同图案的搭配法则，甚至可以把两个小件单品配成对比色。

④ 遵循相近法则。卧室空间一般会采用柔和的色彩，避免对人产生强烈的刺激，从而营造一个安静美好的睡眠环境，因此，床品可以选择与之相同或者相近的色调，统一的色调容易让睡眠的氛围更柔和。同时，为了体现生机，打破单一的沉闷感，可以选用带有图案的面料（图 2-63、图 2-64）。

Note：

图 2-63 同一色调床品搭配

图 2-64 不同色系床品对比

（3）地毯

地毯最初仅用来铺地，起御寒而利坐卧的作用，后来因经济和手工艺的发展，逐步成为一种兼具功能性和装饰性的陈设品，既舒适、隔热、防潮，又美观、华丽。一块与居室风格十分吻合的地毯可以起到画龙点睛的作用。如今室内装饰中地毯的装饰效果越来越被重视，在室内陈设中选用地毯已经成为一种新的时尚潮流（图 2-65）。地毯除具有很重要的装饰价值以外，还具有美学欣赏价值和独特的收藏价值，比如一块弥足珍贵的波斯手工地毯就足可传世。

地毯按照材质不同，分为纯毛地毯、混纺地毯、化纤地毯、藤麻地毯、真皮地毯、草织类地毯和塑料地毯等。

图 2-65 地毯

① 纯毛地毯：高级纯羊毛地毯均采用天然纤维手工织造而成，具有不带静电、不易吸尘土的优点。纯毛地毯毛质细密，受压后能很快恢复原状，图案精美，色泽典雅（图 2-66）。

② 混纺地毯：用纯羊毛加入一定比例的化纤制成。它与纯羊毛的地毯相比手感差别不大，但装饰性不亚于纯羊毛的，且克服了纯羊毛地毯不耐虫蛀、不耐磨的缺陷，吸音、保温、脚感好，价格适中（图 2-67）。

图 2-66 纯毛地毯

图 2-67 混纺地毯

③ 化纤地毯：分为尼龙、丙纶、涤纶和腈纶四种。尼龙地毯的图案、花色类似于纯毛地毯，由于耐磨性强、不易腐蚀、不易霉变的特点而广受市场欢迎，缺点是阻燃性、抗静电性差（图 2-68）。

④ 藤麻地毯：藤麻是一种具有质朴感和清凉感的材质。藤麻地毯用来呼应曲线优美的木制家具、布艺沙发或者藤制茶几，效果都很不错，尤其适合东南亚风格、地中海风格等亲近自然的风格（图 2-69）。

图 2-68 化纤地毯

图 2-69 藤麻地毯

⑤ 真皮地毯：一般指皮毛一体的真皮地毯，例如牛皮、马皮、羊皮等。使用真皮地毯能让空间具有奢华感，能为客厅增添浪漫色彩。真皮地毯价格昂贵，还具有收藏价值，尤其地毯上刻制有图案的刻绒地毯更能保值（图 2-70）。

⑥ 草织类地毯：有浓郁的乡土气息，价廉物美，夏天使用感觉清新，但不易保养，容易积灰，经常下雨的潮湿地区不宜使用（图 2-71）。

⑦ 塑料地毯：由聚氯乙烯树脂等材料制成。质地薄，手感硬，易老化，但色彩艳丽，耐腐蚀、耐擦洗性能较好，阻燃、防水、防滑，易清理，价格低廉，通常置于住宅大门口及卫浴间（图 2-72）。

图 2-70 真皮地毯

图 2-71 草织类地毯

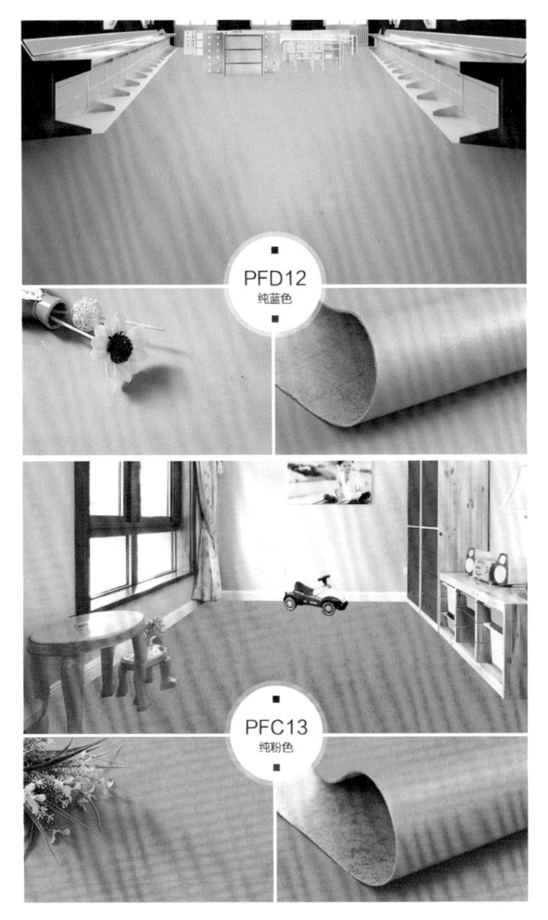

图 2-72 塑料地毯

2.2.3 家用布艺纺织品的选择与搭配原则

（1）尺寸合理

家用布艺纺织品的尺寸要适中，大小或长短要依据室内空间的尺寸来确定，要与空间、家具及悬挂界面尺寸相适应，这样才能在视觉上取得平衡感。

（2）风格一致、呼应

在住宅空间的整体布置上，陈设布艺要与其他各种装饰品呼应并协调，它的颜色、款式、材质、图案的选择都要与空间整体风格相呼应，达到室内装饰格调的统一（图 2-73、图 2-74）。

图 2-73 地毯与环境色调一致

图 2-74 地毯与座椅色彩相呼应

（3）主次分明

各空间的主次要分明：主体是整体，如卧室空间、客厅空间等；各区域是局部，如床、窗帘、沙发等，局部只能起点缀作用，不能喧宾夺主。例如在一间卧室中，床品的色彩和图案要与整个房间及窗帘、地毯的系统风格相统一，最好不要独立存在，哪怕是希望形成撞色风格，色彩之间也要有一定的呼应，并表达清楚主次关系。

（4）有效掩盖建筑或硬装缺陷

在空间格局或前期硬装出现不如意效果且硬性技术手段无法或很难解决的时候，我们可以考虑利用布艺纺织品的颜色、图案等，人为改变某种空间氛围，使人的视线忽略房间装修或格局的不足。

2.3 灯饰与照明设计

灯具是家居装饰的“阳光”，如果没有灯具，人夜晚在住宅内就只能生活在黑暗中。如今，它被称为灯饰，从字面就可看出，灯具的功能由最初单一的实用照明变为了实用与装饰相结合。黑夜里，灯光是精灵，是温馨气氛的营造能手，光影层次让空间更富生命力；白天，灯具化为居室的装饰艺术成分，和家具、布艺纺织品、装饰品一起点缀着生活空间，成为住宅室内陈设中不可或缺的一部分。

在住宅室内空间里，除大吊灯等比较奢华大气的灯以外，其他灯饰一般都较小，但它们在室内陈设中都发挥着很重要的作用。由于灯饰的造型、形式多样，设计者选择时，要结合不同用户的不同需求、不同特点、不同用途及室内空间装饰的不同要求进行综合考虑。

2.3.1 住宅室内照明设计的基本知识

巧妙的照明方式能为居住者带来舒适的居住体验，且能使整个空间看起来更加美观，增添生活的情调和乐趣。根据不同的功能区域选择合适的照明方式，是住宅室内陈设的重要环节。

根据照明方式的不同，照明可以分为一般式照明、局部式照明、定向式照明、混合式照明、重点式照明、无主灯式照明等。

① 一般式照明：它具有最基础的照明功能，不考虑局部的特殊需要，使整个室内环境照明达到比较均衡的效果（图 2-75）。它所采用的光源功率较大，且有较高的照明效率，如客厅、卧室的顶灯都属于一般式照明。

② 局部式照明：为了满足室内某些部位的特殊需要，设置一盏或多盏照明灯具，使之为该区域提供较为集中的照明光线，在小范围内以较小的光源功率获得较高的照度，例如床头灯、台灯等（图 2-76）。这种方式适合一些照明要求较高的区域。

图 2-75　一般式照明

图 2-76　局部式照明

③ 定向式照明：为强调特定的目标和空间而采用的一种高亮度的照明方式，可以按需要突出某一主题或局部，需要对光源的色彩、强弱以及照射面的大小进行合理调配（图 2-77）。最常见的定向式照明就是餐厅餐桌上方的吊灯，该设计让人的视觉焦点集中在秀色可餐的食物上，同时营造出温暖舒适的就餐氛围。

④ 混合式照明：由一般式照明和局部式照明等组成的组合照明方式，在一般式照明的基础上，视情况不同，增加了局部式照明和装饰照明（图 2-78）。它是住宅室内空间中应用最为广泛的一种照明方式，尤其是在一些大的户型空间中。需要注意的是，要在设计的时候合理布局，让灯光富有条理及层次，避免光源浪费。

⑤ 重点式照明：更倾向于装饰性功能，目的是对一些陈设配饰或者是一些精心布置的空间进行

层次塑造，让人的视线在空间里形成聚焦，不由自主地被吸引到照明区域，从而达到增强质感、突出美感的效果（图 2-79）。除筒、射灯外，线形灯光也能达到重点照明的效果，但其光线较为柔和。

⑥ 无主灯式照明：这种照明方式追求一种极简效果，但不等同于无主照明，只是将照明设计成了隐藏在顶棚里的隐式照明，让主灯服从于吊灯风格，达到见光不见形、见光不见源的效果，比外挂式照明在设计上的要求更高（图 2-80）。

图 2-77 定向式照明

图 2-78 混合式照明

图 2-79 重点式照明

图 2-80 无主灯式照明

2.3.2 住宅室内灯具的类型

（1）按造型分类

灯饰按造型分，可以分为悬臂式吊灯、吸顶式灯饰、附墙式灯饰、台上灯饰、落地灯饰、嵌入式灯饰、隐藏式灯饰等。

① 悬臂式吊灯：一般为悬挂在天花板上的灯具，是最常采用的普遍性照明工具（图 2-81），有直接、间接、向下照射及均匀散光等多种灯型。吊灯的大小及灯头数的多少均与房间的大小有关。吊灯的造型、花样繁多，常用的有欧式烛台吊灯、

中式吊灯、水晶吊灯、羊皮纸吊灯、现代简约吊灯、锥形罩花灯、尖扁罩花灯、束腰罩花灯、五叉圆球吊灯、玉兰罩花灯、橄榄吊灯等多种类型。

② 吸顶式灯饰：吸顶灯是直接安装在天花板上的灯型，它和吊灯一样，也是室内的主体照明设备（图 2-82）。这类灯的特点是可使顶棚较亮，增加全房间的明亮感。选择吸顶灯时要根据使用要求、天花构造和审美要求来考虑，使其尺寸大小与室内空间相匹配且结构安全可靠。

图 2-81 悬臂式吊灯

图 2-82 吸顶式灯饰

③ 附墙式灯饰：直接安装在墙壁上的灯具，在室内一般作为辅助照明装饰灯具出现，又可称为壁灯。一般附墙式灯饰的光线淡雅和谐，可把环境点缀得优雅精致、富丽堂皇（图 2-83）。在室内常用的有床头壁灯、过道壁灯、镜前壁灯等。床头壁灯大多装在床头两侧的上方，有些灯头可向外转动，光束集中，便于阅读；过道壁灯多安装在过道侧的墙壁上，照亮壁画或者一些家居饰品；镜前壁灯多装饰在盥洗间的镜子附近，目的是全方位照亮人的面部。

④ 台上灯饰：台灯是人们生活中用来照明的一种常用电器（图 2-84）。它的主要功能是把灯光集中在一小块区域内，便于工作和学习。根据使用功能的不同，它可分为阅读台灯和装饰台灯两种。阅读台灯灯体外形简洁轻便，其灯杆的高度、光照的方向和亮度可以调节，主要用于照明阅读；装饰台灯外观豪华，材质与款式多样，灯体结构复杂，用于点缀空间效果，其装饰功能与照明功能同等重要。

图 2-83 附墙式灯饰

图 2-84 台上灯饰

⑤ 落地灯饰：落地灯是指放在地面上的灯具统称，一般布置在客厅或休息区域里，与沙发、茶几等配合使用，以满足房间局部照明和点缀、装饰家庭环境的需要（图 2-85）。落地灯通常都配有灯罩，筒式罩子一般较为流行；落地灯的支架则多

以金属、木材制成。布置空间灯饰的时候，落地灯是最容易出彩的环节，因为它既可以担当一个小区域的主灯，又可以通过照度的不同和室内其他光源配合表现出光环境的变化。同时，落地灯还可以凭借其独特的外观，成为居室内一件不错的摆设。

⑥ 嵌入式灯饰：嵌入式灯饰是营造特殊氛围的照明灯具，有突出主观审美的作用（图 2-86）。它是达到重点突出、层次丰富、气氛浓郁效果的一种聚光类灯具，主要类型有筒灯和射灯。筒灯是一种相对于普通明装灯更具有聚光性的灯具，一般用于普通照明或辅助照明。射灯是一种高度聚光的灯具，它的光线照射可指定特定目标，主要用于特殊的照明，比如强调某个区域。射灯照明是典型的无主灯、无定规模的现代流派照明方式，射灯的光线直接照射在需要强调的物体上，既可对整体照明起主导作用，又可局部采光，烘托气氛。相对于筒灯而言，射灯的品种更加丰富，也适用于更多场合。根据光源不同，射灯可以分为卤素射灯、LED 射灯等。

⑦ 隐藏式灯饰：隐藏式灯饰利用间接照明方式做空间基础照明，形成了只见光、不见灯源的效果，它增强了室内环境的层次感，丰富了光环境，在吊顶中经常应用，此外，也可以用在装饰柜内和造型界面上（图 2-87）。

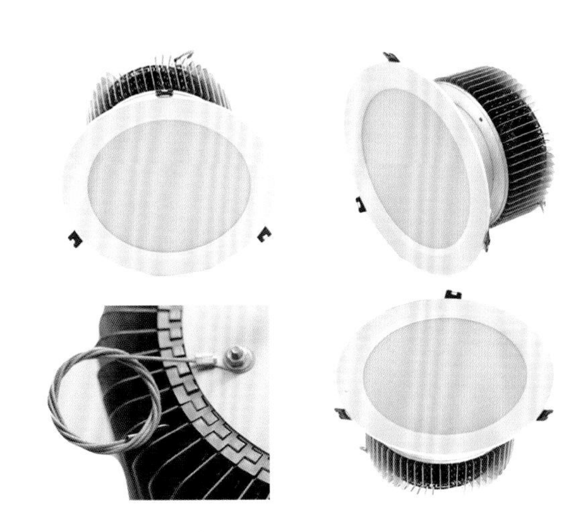

图 2-86 嵌入式灯饰

图 2-87 隐藏式灯饰

图 2-85 落地灯饰

Note：

（2）按材质分类

灯饰按材质分类，可分为水晶灯、铜灯、羊皮灯、铁艺灯、彩色玻璃灯、贝壳灯等类型。设计师可以根据不同的装饰风格和价格定位选择不同类型的灯具。

① 水晶灯：是指由水晶材料制成的灯具，其外表明亮，闪闪发光，晶莹剔透，给人高贵、梦幻的感觉，广受人们的喜爱（图2-88）。水晶灯主要由金属支架、蜡烛、天然水晶或石英坠饰等共同构成。由于天然水晶的成本太高，如今越来越多的水晶灯原料改为人造水晶，灯泡也逐渐代替了传统的蜡烛光源。为达到水晶折射的最佳七彩效果，现在市场上销售的水晶灯大多由形状如烛光火焰的不带颜色的透明白炽灯作为光源。

② 铜灯：是指以铜作为主要材料的灯具（图2-89）。目前具有欧美文化特色的欧式铜灯是市场的主导派系。欧式铜灯以华丽的装饰、浓烈的色彩、精美的造型来营造惬意、浪漫、温馨、舒适、雍容华贵的效果，达到和谐的最高境界。特别是在古典风格中，它带有“深沉里显露尊贵，典雅中浸透豪华”的设计哲学和文化气息。

图2-88 水晶灯

图2-89 铜灯

③ 羊皮灯：顾名思义就是用羊皮材料制作的灯具，较多地使用在中式风格设计作品中（图2-90）。它的制作灵感来自古代灯具，以网格式的方形作为自己的特征，不仅有吊灯，还有落地灯、壁灯、台灯和宫灯等不同系列。现在，制造厂家运用先进的制作工艺，把羊皮制作成各种不同的造型，以满足喜好不同的消费者的需求。羊皮灯的主要特色是光线柔和，色调温馨。经过近些年的技术开发，其颜色已经突破了原有的浅黄色，出现了月白色、浅粉色等色系，灯饰框架也隐入羊皮灯罩内，使其造型走向时尚。羊皮灯以圆形与方形为主：圆形的羊皮灯大多是装饰吊灯，起画龙点睛的作用；方形的羊皮灯多以吸顶灯为主，外围配以各种栅栏及图形，古朴端庄，简洁大方。

图2-90 羊皮灯

④ 铁艺灯：铁艺灯的主体通常由铁和树脂两部分组成，铁制的骨架使它的稳定性更好，树脂使它的造型更多样化，还能起到防腐蚀、不导电的作用（图 2-91）。铁艺灯的灯罩大部分是手工描绘的，色调以暖色调为主，这样就能散发出温馨柔和的光线，更能显露出岁月的痕迹，体现出优雅隽永的气度。

⑤ 彩色玻璃灯：不同色彩、质感、条纹、风格的玻璃灯，以不同的姿态、格调、风情出现在各家各户的不同房间中，常见的有彩色玻璃灯具和手工烧制玻璃灯具（图 2-92）。手工烧制玻璃灯具通常指一些技术精湛的玻璃师傅通过手工烧制而成的灯具，业内最为出名的是意大利的手工烧制玻璃灯具。

⑥ 贝壳灯：选用贝壳制作而成，可以用来当装饰品，是令人赏心悦目的一类灯具（图 2-93）。贝壳灯款式多样，可以是用相同形状、相同大小、相同颜色的贝壳和白色珠子串成的灯具，也可以是用不同大小、不同形状和色彩的贝壳制成的灯具。造型各异、光泽璀璨的贝壳灯，无论是在客厅还是卧房中都能搭配安装。

图 2-91 铁艺灯

Note：

图 2-92 彩色玻璃灯

图 2-93 贝壳灯

2.4 墙面壁饰

2.4.1 艺术画品

现代生活中，壁饰艺术画品已经成为室内陈设墙面必不可少的“饰品”，体现着居室主人的品位（图 2-94、图 2-95）。艺术画品的类别有很多，主要分为中国画、西方绘画及现代装饰画三类。因不同的艺术画品会传递出截然不同的居室味道，所以选择的首要原则是与居室空间整体保持一致，不同的空间可以悬挂不同题材的画品；采光、背景等细节也是选择艺术画品时需要考虑的因素。

图 2-94 艺术挂画

图 2-95 铁艺画壁饰

（1）中国画

中国画，简称国画，主要绘制在绢、帛、宣纸上再进行装裱。作画手法是采用墨和中国画颜料在宣纸或绢、帛上创作。题材大多表现人物、花鸟、山水三种。泼墨、白描、工笔和写意等是中国画的几种主要表现方式，装裱多以手卷、中堂、扇面、册页、屏风等形式为主（图 2-96）。

（2）西方绘画

西方绘画简称西画，题材多样，类型包括油画、水彩画、水粉画、版画和壁画等多种（图 2-97）。其中，油画作为最重要的一种门类长期存在，甚至很多时候人们将“油画”作为“西方绘画”的代名词。西方绘画是一门独立的艺术，画家们从科学的角度来探寻形成造型艺术美的根据，加入了透视学、艺术解剖学和色彩学知识，重点分析和阐释事物的具象和抽象形式。

（3）现代装饰画

装饰画的品种繁多、风格多样，大致分为印刷品装饰画、实物装裱装饰画、装置艺术装饰画、装饰壁画等。现代社会的开放造就了丰富多彩的装饰画品种，在新材料、新技术、新创意的驱使下，现代艺术家们几乎可以利用所有物品和元素去创作装饰画（图 2-98）。

图 2-96 中国画

图 2-97 西方绘画

Note：

图 2-98 现代装饰画

2.4.2 照片墙

照片墙是由多个大小不一、错落有致的相框悬挂在墙面上组成的，是近几年比较流行的一种墙面装饰手法（图 2-99、图 2-100）。它不仅可以装饰美化空间，还可以让住宅室内空间变得温馨亲切且具有生活气息。

图 2-99 客厅照片墙

图 2-100 卧室照片墙

2.4.3 装饰挂镜

挂镜是室内空间不可缺少的陈设元素之一（图 2-101、图 2-102）。巧妙地使用镜面，不仅能让它发挥作为仪容镜的原始实用功能，更能使它成为空间中的一个亮点，且起到空间扩容和补充光线的作用，给室内陈设增加灵动感。在现代生活和陈设设计中，它更多是起到装饰作用，与住宅室内其他陈设元素相结合，才能带来好的装饰效果。

图 2-101 不同形态的装饰挂镜组合

图 2-102 单个装饰挂镜

住宅空间中的挂镜有各种各样的造型，每一种造型都有它独特的个性，会产生不同的视觉效果。常见的挂镜形状有方形、多边形、圆形、曲线形等。

2.4.4 工艺品挂件

工艺品挂件是对不同材料进行艺术加工和组合创作而成的艺术品，材质包括金属、树脂、陶瓷、木材、玻璃等（图 2-103~ 图 2-106）。不同材质和造型的工艺品挂件，能给空间带来不一样的视觉感受。

图 2-103 金属材料壁饰

图 2-104 金属和树脂材料壁饰

图 2-105 陶瓷材料壁饰

图 2-106 木质材料壁饰

2.5 摆饰

摆饰拥有独特的艺术表现力和感染力，是居室空间陈设的重要元素，起到烘托环境气氛、增添审美情趣、强化室内空间效果、实现室内环境的和谐统一等重要作用。“小物件大效果”正是摆饰的典型功能写照（图 2-107~ 图 2-109）。

图 2-107 餐具摆饰

图 2-108 陶瓷摆饰

图 2-109 植物摆饰

2.5.1 植物与花艺、花器

植物、花艺作为室内陈设中一个“戏份”不多的部分，却起着点亮整个居室室内环境的作用，赋予住宅室内空间以勃勃生机。

花器是植物和花艺做造型时必不可少的道具，花器的选择与摆放应讲究与周围环境协调融合，其质感和色彩的变化会对室内整体环境产生重要的影响。单个花器给人简单利落的感觉，但如果体积较小，可能会被忽略，因此我们可以在合适的空间摆放体量不一的数个花器，同时注意高低起伏和韵律变化（图 2-110~ 图 2-114）。

图 2-110 组合花器陈设

图 2-111 单个花器陈设

图 2-112 玻璃花器

图 2-113 粗陶花器

Note：

图 2-114 不同材质的花器

2.5.2 工艺品摆件

室内陈设工艺品包含餐厅、客厅、卧室、书房、厨卫等空间的工艺品摆件，如瓷器、玻璃器皿、金属制品、木饰品等各种材质的摆件陈列物（图 2-115、图 2-116）。在陈设设计执行过程中，当选定符合设计意图的家具、灯具、布艺纺织品、画品等摆设后，最后一关是加入小件的工艺品摆件。在住宅室内空间的陈设中，工艺品摆件的作用举足轻重，陈设设计师对这一关把握程度的好坏决定着整个项目的成功与否。

图 2-115 树脂工艺摆件

图 2-116 铁艺工艺摆件

在陈设工艺品摆件时要注意以下几点。

首先，布置饰品是非常重要的一个环节，它能够直接影响到居室主人的心情，引起其心境的变化。

其次，工艺品摆件作为可移动物件，具有轻巧灵便、可随意搭配的特点，不同饰品间的搭配，能起到不同的效果。

再次，优秀的工艺饰品甚至可以保值、增值，比如中国古代的陶器、金属工艺品等，不仅能起到美化效果，还具备增值能力。

陈设设计师应该充分考虑客户的承受能力和需求，为客户配置出符合主人身份定位和装饰风格特色的工艺饰品。

图 2-117 台面餐具

2.5.3 日用品摆件

日用品摆件主要指餐具、厨具、酒具、茶具等日常生活用品，兼有实用功能和装饰功能。餐厅是陈设日用品摆件最重要的室内空间之一，在这个空间内的活动能很好地帮助家人增进感情。选择一套与空间设计风格相匹配的优质餐具，摆放一套璀璨的酒具，再搭配些精致的布艺软装，这样能显露出主人的身份、爱好、审美品位及生活状态（图 2-117、图 2-118）。

图 2-118 餐具搭配

Note：

PART 3

住宅室内陈设设计风格

风格是一定历史条件下文化发展的产物，是漫长的历史演变过程中形成的客观现象。人们把一定历史过程中孕育出来的相对稳定的典型形式或具有共同的内在综合特性的元素抽取出来，定义其为某种风格。风格受地域、社会、历史文化、艺术思潮的影响，跨越的时间比较长，影响的地域也比较广。

陈设设计风格指的是在陈设设计创作中体现出不同思潮的艺术个性或地区特性，设计作品整体上呈现出具有某种共同代表性的面貌。住宅室内陈设设计风格跟建筑风格流派、室内设计风格的发展密切相关。在传统或经典的室内陈设作品中，我们很难发现被定义的“某种风格的全部特质”。为了不使陈设设计成为“某种风格”的大杂烩，设计师应有所取舍，以保证陈设设计整体效果的和谐统一与创新性。

根据室内功能、布置、色调以及家具、陈设产品造型等的不同，室内陈设风格主要分为传统风格、现代风格、地方主义风格。

3.1 传统风格

3.1.1 西方传统风格

西方传统风格主要包括罗马式风格、哥特式风格、文艺复兴式风格、巴洛克式风格、洛可可式风格、路易十四式风格、新古典主义风格。

（1）罗马式风格

公元前 27 年，罗马皇帝时代开始，室内装饰与陈设结束了朴素、严谨的共和时期风格，开始转向奢华。罗马建筑是由教堂演化而来的，这类建筑拥有宏伟的拱形穹顶，室内墙厚、窗少、阴暗，因此多采用室内雕塑和室内浮雕装饰来体现庄重美和神秘感（图 3-1、图 3-2）。

罗马式风格房屋多采用前花园后天井的建筑规划，墙体巨大而厚实，门、窗、拱廊大量使用拱券结构设计，中厅大小柱有规律地交替布置，巧妙地融入室内装饰空间，充分展现这种设计功能性和装饰性兼具的效果。房屋内部的装饰精美，但窗口窄小，在较大的内部空间造成阴暗神秘的气氛，没有窗户的墙壁上大多都进行了镶框装饰，并绘制精美壁画，地面多采用精美的彩色地砖进行铺贴，实用美观，展现了家族的财力与地位（图 3-3）。

古罗马家具多从古希腊家具衍化而来，造型设计参考建筑特征，由高档的木材镶嵌美丽的象牙或金属装饰打造而成，装饰复杂而精细，多采用三腿和带基座的造型，增强坚固度，家具坐垫和室内装饰物常用珍贵的织物来制作（图 3-4）。

图 3-1 罗马万神庙（Pantheon）

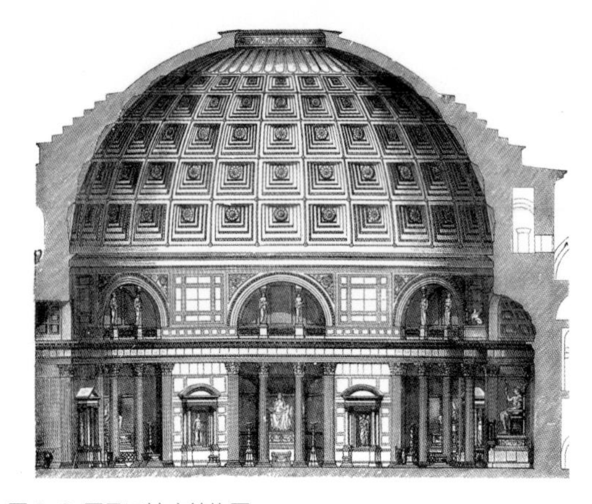

图 3-2 罗马万神庙结构图

始建于公元前 27 年的罗马万神庙是古罗马穹顶技术的最高代表

Note：

图 3-3 帕拉丁礼拜堂

图 3-4 罗马式风格家具

（2）哥特式风格

哥特式风格以摧毁古罗马文明的哥特人名字命名，是 11 世纪下半叶起源于法国、13—15 世纪流行于欧洲的一种建筑风格，它主要见于天主教堂，也影响到世俗建筑。早期哥特式建筑采用尖拱和菱形穹顶，以飞拱加强支撑，使建筑得以向高空发展，拥有城墙高耸的城池、黑暗的城堡、怪兽状滴水嘴和宏大的石材，并配有彩色玻璃，给人以慑人的空间感受（图 3-5）。对于光线的强调是哥特风建筑区别于罗马风建筑的主要特征。14 世纪末，哥特式室内装饰向华丽造型、绚烂光影与色彩风格转变，当时的家具多模仿建筑拱形线脚造型。

哥特式风格的精髓是象征着神的秩序与对天堂的向往，因此，在室内空间中充满韵律感的垂直向上的线条，通过高耸的中庭向天空飞升。这些集中向上的线条主要体现在集束柱、共享中厅以及无处不在的细节之中。空灵的骨架也是哥特式风格的显著特征之一，最能体现空灵骨架的结构有骨架券、二圆心尖券（拱）以及尖券组合。

图 3-5 法国圣丹尼斯修道院

Note：

哥特式建筑承重构建与维护构建分工明确，其构造原理近似于框架结构，尖顶拱结构使得室内空间大为扩展，拱形结构使得墙壁承重作用大为降低，多以令人惊叹的彩绘玻璃花窗装饰。在室内，这些结构不仅暴露出来且被精心地装饰起来，被赋予教化教徒的神圣职责和美化空间的双重作用，为其精神创造美好宁静的避难所（图3-6）。

哥特式风格的装饰讲求象征与隐喻，暗示庄严而神秘的东西。如正堂与耳堂的交叉代表基督死难的十字架，玫瑰花窗连同它钻石形的花瓣代表极乐世界永恒的玫瑰，叶子代表一切灵魂。

其室内装饰多以仿建筑的繁复木雕工艺、金属工艺和编织工艺为主，常使用金属隔栅、门栏、木制隔间、石头雕刻的屏风和照明烛台等作为陈设和装饰。许多华丽的哥特式宅邸中还会有彩色的窗帘、刺绣帷幔和床品、拼贴精致的地板和精雕细琢的木制家具，其家具多采用哥特式建筑主题，如拱券、花窗格、四叶式建筑、布卷褶皱、雕刻和镂雕等设计（图3-7）。柜子和座椅一般为镶嵌板式设计，既可用来储物，又可用来当座位。

图3-6 法国圣夏佩尔礼拜堂

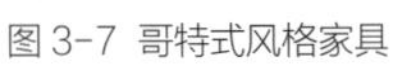

图3-7 哥特式风格家具

（3）文艺复兴式风格

文艺复兴式风格起源于意大利佛罗伦萨，15—19世纪流行于欧洲，现代西方设计风格很大一部分起源于该时期。文艺复兴之前的中世纪，其设计大多反映了当时的神秘主义，而到1400年左右，逐步富裕起来的意大利佛罗伦萨开始渴望社会进步和探索世界。文艺复兴在理论上以人文主义思潮为基础，在造型上排斥神权至上的哥特式风格，提倡复兴古罗马时期的建筑风格，人们不再需要守卫森严的城堡以抵御侵袭，权贵的宫殿、别墅等便逐渐变得更加舒适和优雅。文艺复兴式建筑风格多为贵族采用，由意大利建筑师创造的这种思维模式从佛罗伦萨开始，很快被散播到米兰乃至整个意大利，最后在整个欧洲兴起（图3-8）。

图3-8 意大利圣洛伦佐教堂

Note：

文艺复兴式风格复兴了古典柱式比例、半圆形拱券与山花及以穹隆为中心的建筑体等。人们发现了音乐的和声与建筑物理尺寸之间存在精确的比例关系，从而发展出一套音乐与建筑的数学比例模式。此外，他们严格地遵循着欧几里得几何学的比例、倍数、等分等理论，设计时非常重视对称与平衡原则，强调水平线，使墙面成为构图的中心。

文艺复兴室内装饰在细节上重视运用由古罗马设计衍生出的嵌线和镶边。墙面虽然多为光滑的简洁设计，但一般会绘上壁画作为装饰，地板常以瓷砖、大理石或砖块拼接铺设，横梁、边框和镶边也会根据主人的喜好和财力进行不同程度与风格的雕刻装饰（图 3-9）。

随着传统古董和经典艺术越来越被人们欣赏，室内装饰也逐渐变得更为华丽与丰富，绘画、雕塑和许多其他艺术品都被作为陈设大量地展示在住宅中。

家具多采用直线式样，并配以古典的浮雕图案，除少量运用橡木、杉木、丝柏木外，基本采用核桃木制作，节省木材是当时的制作风气。文艺复兴式风格采用大量的丝织品作为家具的装饰物，帷幔、靠枕和其他家纺用品色彩鲜艳、内容丰富（图 3-10）。

图 3-9 意大利圣洛伦佐教堂的老收藏室

这座方的穹顶礼拜堂有一间小的圣坛凹室。最初，室内色彩限于灰白两色，但在 1430 年，由多纳泰罗所做的改建工作中采用了蓝白两色的浅浮雕板块。房门精确再现了罗马房门样式，就像万神庙的门那样。中央祭桌放在美第奇和他妻子的坟墓上方

图 3-10 意大利达芬查蒂府邸卧室

（4）巴洛克式风格

巴洛克艺术产生于 16 世纪，盛行于 17 世纪，18 世纪开始衰落，相对于古典设计的单纯与稳重，巴洛克式风格摒弃了静态美学，其外形自由，追求动感，着力体现一种戏剧性的效果，常用穿插的曲面和椭圆形空间强调繁复装饰和雕刻。风格上大方庄严、雅致优美，并注重舒适性，整体室内装饰有海洋的气势、珍珠般闪耀的光芒，线条有一定的规矩。巴洛克式设计因其引人注目的表现力，深受宗教改革时期天主教的推崇（图 3-11）。

图 3-11 罗马耶稣堂

Note：

巴洛克式风格追求强烈的动荡不安感，偏爱复杂的体积和强烈的光影，从而制造出反常出奇的效果。立体结构上偏爱几何形状，如椭圆形、三角形和六边形等，墙面和天花板都以立体的雕塑、雕刻修饰，用带有视觉错觉效果的绘画，利用透视法来延续建筑、扩大空间。这种审美取向与奇妙的绘画构图相结合，尤其具有强烈的动感。画中形象拥挤、扭曲、不安地骚动着，并且绘画突破了建筑面和体的界线，如天顶画中的人物就飞到了墙壁上。一连串的景象将室内不同空间及陈设物体联系到一起，使整个设计富于动感。

巴洛克式风格特别钟爱充满内力的扭曲线条与断裂的构建，强调线型的流动变化，具有华美、厚重的效果。楼梯也被设计成弯曲、盘绕的复杂形式。其色彩鲜艳明亮，对比强烈，呈现出欢快热闹的场面（图 3-12）。

图 3-12 意大利斯图皮尼吉宫内的狩猎厅

在巴洛克式风格的室内空间中，人们将绘画、雕刻等工艺集中于装饰和陈设艺术，墙面装饰多以精美的法国壁毯为主，加以具有精湛雕刻工艺的装饰物，此外还大量使用镀金或者镀银、涂漆、镶嵌、彩绘等手段进行装饰，整体色彩华丽且协调（图 3-13）。家具形制采用直线和圆弧相结合的方式，注重对称的结构，椅子多采用高靠背，并且下部一般有斜撑以增强牢固度，桌面多采用大理石镶嵌。

图 3-13 巴洛克式风格室内装饰

（5）洛可可式风格

洛可可（rococo）是风行于 18 世纪法国宫廷的艺术样式，发端于路易十四时代晚期，流行于路易十五时代。洛可可式风格作为一种建筑风格，表现在室内装饰上主要为纤巧、精美、浮华、烦琐，让人感觉轻松、明朗、亲切，相对于巴洛克式风格，更具有纤巧秀美、繁絮精致的女性化特点，极具装饰性，是巴洛克式风格刻意修饰并走向极端的结果（图 3-14、图 3-15）。

rococo 的名字源于法文，由 rocaille 和 coquilles 合并而来，原意为岩石和贝壳，体现了其装饰形式的自然特征：蚌壳纹样曲线、波涛、珊瑚、海藻、浪花、呈锯齿状叶形的卷草与花卉等。洛可可式风格尤其喜欢使用金、白、浅绿、淡蓝、粉红等充满脂粉气的色彩，体现了女性化的柔美和优雅，也带来了一种异常纤巧活泼的趣味（图 3-16）。

洛可可式风格不喜强烈的体积感，转而追求轻薄、细致、精美的线条和丰富的雕刻造型，频繁地使用短小的转折圆润的 C 形、S 形和旋涡形等变化丰富的曲线纹饰。对于光泽的向往，洛可可继承了巴洛克式风格，但形式更加细腻、精致与优雅，在室内陈设中经常使用晶莹的饰物以及镜面与大理石装饰物。

在室内装饰方面，洛可可式风格多采用高耸纤细的造型，天花和墙面有时以弧面相连，转角处多布置壁画。地面用镶木地板、大理石或彩色瓷砖铺设，地毯在那时还是极为稀有的奢侈品，只有极少数人使用地毯装饰地面。在家具等陈设物品上，大量运用花环、花束、天使、弓箭及贝壳图案纹样，善用金色和象牙白，色彩明快、柔和却豪华富丽（图 3-17）。

图 3-14 巴黎苏俾士府邸

图 3-15 巴黎苏俾士府邸一厅

Note：

图 3-16 法国枫丹白露宫

图 3-17 洛可可式风格的室内陈设

（6）路易十四式风格

文艺复兴后期的法国，形成了一种独特的路易十四式风格。尽管这种风格与巴洛克式风格处于同一时期，也常被归为巴洛克式风格，但是相对于繁复夸饰的意大利、奥地利及德国的巴洛克式设计，路易十四式风格显得更有逻辑与秩序，少了一点矫揉造作的华而不实感，更接近于细腻的洛可可式风格。现在路易十四式风格已经从特指路易十四那个时代的装饰风格，逐渐衍生为指代任何含有文艺复兴式、巴洛克式和洛可可式三种风格装饰元素的陈设风格（图 3-18）。

图 3-18 法国凡尔赛宫

在室内装饰方面，路易十四式风格墙面大量采用嵌板设计，并附以弧形曲线及繁复的装饰雕刻，常见的装饰主题包括贝壳、半人半兽的森林神、小天使、垂花纹饰、花环装饰、神话题材、涡形装饰、叶状卷涡纹和海豚（图 3-19）。地面、墙面整体色彩艳丽，并将大理石、水晶及玻璃元素大量运用到室内装饰中的各个部位，华丽的水晶吊灯是这种风格的代表。大型镀金镶边和雕花作为华丽的装饰画边框和背景，相比巴洛克式和洛可可式更为繁杂。

路易十四式风格家具通常以玳瑁或进口木料贴面，以黄铜、锡铅合金和象牙镶嵌，或全以金箔镶面，用镀金的厚铜皮包角或包住其他易磨损部位及毛糙的把手等，并饰以各种图案（图 3-20~ 图 3-22）。桌面会放置丰富的装饰摆件，如经过繁复雕刻装饰的桌面钟和花瓶等。

图 3-19 座椅坐面织物纹样

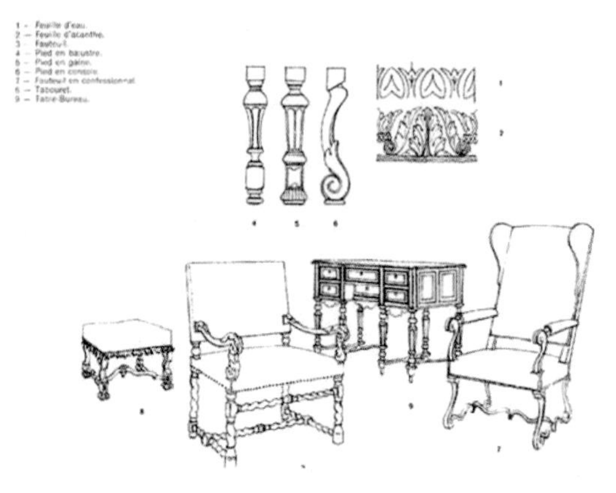

图 3-20 路易十四式风格家具（1）

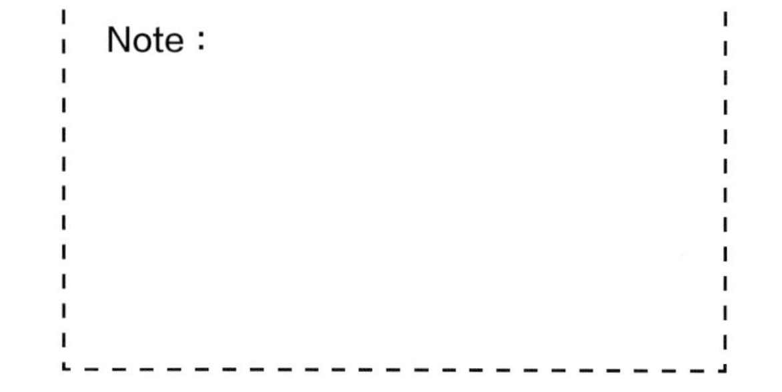

图 3-21 路易十四式风格家具（2）

图 3-22 路易十四式风格家具（3）

（7）新古典主义风格

新古典主义风格起源于 18 世纪下半叶路易十六时期，可以理解为改良后的古典主义风格。这种风格一方面保留了路易十六时期材质、色彩的大致风格，另一方面摒弃了过于复杂的肌理和装饰，简化了线条。新古典主义风格从繁杂到简单、从整体到局部，都给人一丝不苟的印象，人们可以从中很强烈地感受到传统的历史痕迹与浑厚的文化底蕴（图 3-23）。

新古典主义风格注重几何规律，崇尚纯粹的几何结构和数学关系。其设计常表现在对线的控制和对几何定律的灵活运用上，创造出数学性的抽象形体，并在室内设计中采用模数制。设计时极其尊重传统的构图原则，把比例尊为造型中决定性的甚至是唯一的因素。

新古典主义风格的主要设计方式是在注重装饰效果的前提下，灵活应用经典元素和变形技巧，采用形式套用、新功能旧形式、旧功能新形式、结构与重组、戏剧化与时空感的表达等多种现代装饰手法和新材质还原古典气质。一般采用简洁的线条和现代的材料设计传统样式，追求古典风格的大致轮廓特点，不是仿古，也不是复古，而是追求神似。

新古典主义风格十分注重装饰陈列效果，用具有历史文脉特色的室内陈设品来增强古典气质。色彩上大量采用白色、金色、银色甚至是黑色等中性色彩构建室内环境（图 3-24）。

家具功能性在当时的陈设设计中也颇为重要。随着家庭逐渐富裕，人们的收藏也变得丰富，随之出现的是多种多样的收纳型家具，还有不同款式的书桌。家具多采用向下部逐渐变细的直线腿，整体显得更为轻盈和女性化，在注重对称性的前提下，充分考虑人体舒适度，点缀性地采用希腊精美的镶嵌和镀金工艺（图 3-25）。座椅上一般装有软垫和软扶手靠，椅靠多为矩形、椭圆形或圆形，顶点有雕饰。

图 3-23 巴黎歌剧院

图 3-24 新古典主义风格室内陈设

图 3-25 新古典主义风格家具

3.1.2 东方传统风格

东方传统风格包括中式风格、日式风格、东南亚风格等。

（1）中式风格

中国是一个地大物博、历史悠久的多民族国家，我们所讲的中式风格特指在上下五千年的历史中，主导中国建筑营造主流的中原建筑及室内陈设风格。中式风格的建筑和装饰元素除了受客观的地域因素影响，还主要受两方面的影响：一是等级制度严格地规定了不同等级的建筑使用什么装饰与色彩；二是中国的祥瑞文化，一般都采用寓意吉祥的纹样、色彩、数字、典故等元素来作为室内的装饰图案和陈设（图 3-26）。

图 3-26 传统中式建筑室内陈设

中式风格尊重传统思想与意境，中国传统哲学文化是中华文明经几千年的演化而形成的一种反映民族精神、特质和风貌的民族文化。中式风格在室内陈设设计中也体现了天人合一、教化人伦等传统文化境界。在室内陈设设计中，设计师只是简单地组合设计元素是不够的，还需要灵活地引用经典元素。当代人所说的中式风格不是指对过去的怀古，而是寻找传统文化与现代生活的契合点，用科学的方法重新去审视传统（图 3-27）。

中式风格中日常使用的家具有床、桌、椅、凳、几、案、柜、屏风等。较为考究的家具用紫檀、楠木、花梨、胡桃等木材，表面施油而不施漆，有的还镶配石材，或用藤、竹、树根制作。明清时期，家具在造型和工艺上都达到了很高的水平。建筑中的某些构建方式也被运用到家具当中，如各种榫卯、曲梁和收分柱等。在工艺上，中式风格家具精雕细琢，富于变化；在装饰细节上，这类家具崇尚自然情趣，多用花鸟虫鱼等艺术元素，充分体现出中国传统的美学精神（图 3-28）。

中式风格陈设品包括字画、匾幅、挂屏、盆景、瓷器、古玩、屏风、博古架等。设计师在进行中式风格设计时，可在墙上悬挂玉、贝、大理石材质的挂屏，或在桌、几、案、地面上放置大理石屏、盆景、瓷器、古玩等。

图 3-27 传统中式风格室内陈设

图 3-28 传统中式家具

（2）日式风格

日式风格又称和式风格，源于中国唐朝。当时的日本在建筑上一方面模仿中国的样式，另一方面将其与固有的文化融合逐渐创造出具有自己特色的设计风格。相比中式建筑的宏大壮美，日式建筑更加洗练、优雅和素洁，更擅长表现建筑结构的构造美和材料的质感与色泽的美。明治时代开始，随着政府对西方开放政策的不断强化，西洋文化尤其是西洋生活方式的影响逐渐扩大，日本家庭出现了和式和洋式并存的二重奏生活。日本的设计师们以传统为原型，不断尝试，逐渐创造出独特的禅意风格（图 3-29）。日式风格运用现代的设计手法，解决了传统和室建筑室内采光、通风和换气的问题；对建筑室内空间组织十分灵活，可以使空间内外渗透，满足不同的需求；在强调空间形态和物体单纯抽象化的同时重视空间各物体的相关性，即物与物之间的关系。日式风格的设计保留了传统精髓，追求一种静修、自然、节俭与谦和的意境（图 3-30）。

在材料选用上，日式风格设计大量运用自然界的材质，如纸、木、竹、草、石、土等，以天然素材为主，注重自然质感，崇尚表现素材的独特肌理，不推崇豪华奢侈、金碧辉煌，以淡雅节制、深邃玄妙为境界，重视实际功能。因此，日式风格特别能与大自然融为一体，借用外在的自然景色，为室内带来无限生机，以便与大自然亲切交流，其乐融融（图 3-31）。

日式风格室内陈设是非常节俭的，大多数物品和设备都遵循以小见大的设计原理，形成了“小”“精”“巧”的造型模式。它在造型上极为简洁，具有很强的几何形态感，采用清晰的装饰线条，摒弃烦琐的曲线，配以纯净的四壁，形成枯山水庭院，无不彰显极致简朴高雅的独特格调。

日式风格室内陈设产品除家具以外还包括传统字画、浮世绘、茶具、绿色植物、轧染布、纸扇、武士刀、玩偶及面具等，更有甚者直接用和服来点缀室内空间，色彩单纯清雅，氛围淳朴清新。

图 3-29 传统日式和室

图 3-30 日式风格客厅室内陈设

Note：

图 3-31 日式风格卧室室内陈设

（3）东南亚风格

在悠久的文化和宗教的影响下，东南亚的手工艺匠大量使用土生土长的自然原料，如浮木、竹子、编织草、热带硬木、石头等，利用编织、雕刻和漂染等具有民族特色的加工技法进行饰品创作，装饰室内空间，从而形成了一种独特的装饰风格（图 3-32）。东南亚的大多数室内陈设强调地方特色的艺术主题，比如热带花草和动物等，且大量融入宗教文化元素。东南亚家具多用柚木、檀木、芒果木等材质的木雕和木刻，有的还使用金属装饰家具，如泰国木雕家具多采用包铜装饰，因此东南亚传统风格也逐渐演变为休闲和奢侈的象征（图 3-33、图 3-34）。

图 3-32 东南亚风格卧室陈设

图 3-33 东南亚风格浴室

图 3-34 东南亚风格客厅陈设

东南亚传统风格陈设多采用金色、黄色、玫红等饱和色彩的布艺产品。雕刻工艺品、手编篮、手编托盘、藤编椅等地方特色材质手工制品，被大量运用在室内，营造出自然的感觉，体现了东南亚传统风格主题特色。这种风格陈设运用精致的刺绣毯、昏暗的照明、线香、流水等，打造出具有禅意的可净化身心的环境（图 3-35）。

图 3-35 东南亚风格陈设产品

3.2 现代风格

现代风格包括现代主义风格、后现代主义风格、斯堪的纳维亚风格、新装饰艺术风格、新中式风格、混合风格。

3.2.1 现代主义风格

现代主义起源于 20 世纪初期的包豪斯学派，随着工业革命和科技进步而成长。在政治、经济和艺术的现代化发展历程中，家庭装饰变得更为实用，其造型更简洁，还运用了许多新颖的材料。现代主义追求打破传统、释放自我，体现实验精神、激进主义和尚古主义。尽管一些极端的现代主义饱受批判，但这种风格深受欧洲许多国家的人们喜爱（图 3-36）。

现代主义风格崇尚抽象的轮廓和崭新的效果，追求极简的直线或曲线，几乎没有任何装饰性雕刻点缀。常使用新出现的材质或现代材料，如水泥、钢铁、铝、玻璃等。在设计时主要使用极简但舒适实用的家具，如线条简单的皮质或布艺沙发等，还综合考虑运用新型装饰及功能元素，如多媒体、家居智能等设备（图 3-37、图 3-38）。

图 3-36 现代主义风格餐厅

图 3-37 现代主义风格客厅陈设

图 3-38 现代主义风格家具

3.2.2 后现代主义风格

“后现代主义”一词最早出现在西班牙作家德 · 奥尼斯 1934 年的《西班牙与西班牙语类诗选》一书中，用来描述现代主义内部发生的逆动。特别是一种对现代主义纯理性的逆反心理，即为后现代主义风格。后现代主义风格室内设计是对现代主义风格室内设计中纯理性主义倾向的批判，它强调室内装饰应具有历史的延续性，但又不拘泥于传统（图 3-39、图 3-40）。

后现代主义室内陈设设计强调形态的隐喻、符号和文化、历史的装饰主义，运用众多隐喻性的视觉符号在作品中，强调了历史性和文化性。由光、影和建筑构件构成的通透空间是后现代主义装饰的重要手段之一，它提供了一个多样化的环境，融合多种风格，使不同的风貌并存，采用不同的工艺品形成一个多样化的环境，以贴近居住者的习惯（图 3-41）。

图 3-39 后现代主义艺术作品

图 3-40 后现代主义风格室内陈设

图 3-41 后现代主义风格客厅陈设

Note：

后现代主义风格常在室内设置夸张、变形的柱式和断裂的拱券，把古典构件以抽象的新手法组合在一起，并杂糅多种设计风格，以期创造一种融感性与理性、集传统与现代、揉大众与行家于一体的“亦此亦彼”的室内环境。在室内陈设设计中，设计者可以对历史物件采取混合、拼接、分离、简化、变形、解构、综合等方法，运用新材料、新的施工方式和结构构造方法来创造装饰品，从而形成一种新的形式语言与设计理念（图3-42）。

图 3-42 后现代主义风格陈设产品

3.2.3 斯堪的纳维亚风格

斯堪的纳维亚处于北欧地区，因此这种风格也被人称为北欧风格。从 20 世纪 20 年代到 30 年代早期，与其他国家的设计师相比，斯堪的纳维亚国家的设计师们在一定程度上认为艺术装饰思想和作品没有重要联系，他们在寻求与 20 世纪相适应的新方向，却没有参与到国际式现代主义的发展中去。这种风格强烈地扎根于传统的工艺技术和对材料的明智使用前途中，因此设计师们的作品回避了风格派和包豪斯的机械化特性，而显现出为广大消费观众创造“温暖”和舒适的尊重态度，并以简洁、实用和做工精良而闻名（图3-43、图 3-44）。

图 3-43 斯堪的纳维亚风格室内空间陈设

图 3-44 斯堪的纳维亚风格餐厅陈设

斯堪的纳维亚风格的设计总是能让人感受到一切设计都是以人为本的，无论功能、舒适度还是美观性，永远围绕着“人”的一切活动来展开。设计关注人们生活本身，这种思路主要表现在深入功能流线的斟酌、人体工程学的运用、室内空间与家具等陈设品的灵活性以及人性化的细节设计、简洁的色彩和线条运用上，回归人最原本的需求，摒弃花哨和浮华的装饰，并未刻意掩藏或修饰材质的肌理与构造节点，反而使其成为一种形式上的审美。

北欧人非常注重对自然的保护，自然环境也回馈给他们太多的设计灵感，如对自然图案与材料的运用，这也体现了北欧人对于自然的责任感和诚实态度。

虽然很多北欧家具和陈设品外形富有现代感，但实际上其大部分设计灵感来自传统生活。同时，北欧人对于传统的风格和民族的认识，不是激进地将现代和传统对立，而是保留传统的造型元素，利用现代的材料和技术去做设计，舍弃繁复细节，使人们感到亲切而又不失时代的创新感。

斯堪的纳维亚风格大致分为三种表现形式：清新现代、彩色现代和自然古朴。

① 北欧清新现代风色调上比较和谐，没有过多鲜艳的纯色，多采用柔和的色彩，白色、米色、浅木色用得比较多，强调淡雅清爽，一般以木、藤制品和柔软质朴的纱麻布品为主（图 3-45）。

② 北欧彩色现代风与北欧清新现代风相比，除同样会使用一些浅色调的木质家具外，最大的不同在于会使用一些对比强烈的颜色（如红色、黑色、橘色或蓝色）穿插在整个室内空间中，表达一种热情奔放的色彩情绪；同时，会加入生动活泼的自然主题或者强调几何感构图的彩色图案。

③ 北欧自然古朴风总体上体现了乡村自然而耐用的古朴感，带有手工艺的痕迹，同时也有浓重的色彩点缀。家具常用松木、白蜡木、沼泽橡木等材质，有时候还会用到未经处理的木材，最大限度地保留原始木纹及其质感。除此之外，还常使用石材、藤编、铁皮、粗棉麻织物等，配合自然古朴风的陈设品装饰，如陶艺烛台、传统手工图案纺织品等，有很独特的装饰效果。

图 3-45 北欧清新现代风格室内陈设

3.2.4 新装饰艺术风格

新装饰艺术风格是指 20 世纪 80 年代起，随着世界经济的繁荣而出现的对 20 世纪初的装饰艺术风格的一种复兴运动。它重新启用装饰艺术风格的设计元素，借鉴了许多当时流行的新艺术运动和工艺美术运动的元素，可以说是对 20 世纪初各类装饰艺术的全面复兴。由于新装饰艺术风格的表现形式融合了各国当地的本土特征而更加多元化，所以很难在世界范围内形成统一、流行的风格，但它仍然具有某些一致的特征（图 3-46）。

图 3-46 新装饰艺术风格楼梯

新装饰艺术风格主要采用动植物主题、异域主题和新世界主题三类，主题来源广泛，包融日本、美索不达米亚、埃及、非洲撒哈拉、玛雅和阿兹特克在内的各种文化风格都有所体现。

新装饰运动所体现出来的强烈装饰性大多以线条形式表现，这些装饰线条大胆、奔放，虽然追求的是一种自然淳朴的意境，但对自然的描摹与抽象明显带有华丽色彩。

材料和工艺上，它多用新材料和新工艺来创造新的形式，其设计追求单纯简洁，但并不一味强调功能性而彻底抛弃装饰性，主张装饰性与功能性有机结合，且十分注重表现材料的质感、光泽，造型设计中多采用几何形状或折线进行装饰。

新装饰运动的室内陈设是大胆、明快、抽象的。材料多用实木，保留本身的纹理和色泽，通过色彩对比，产生强烈的装饰性，局部用金色、银色点缀，强调结构和质感以及雍容华贵的气质（图 3-47）。

在如今这个强调个性和张扬独立精神的时代，色彩理所当然地成为寄托精神和表达情感的重要工具。新装饰艺术风格运用鲜艳的纯色、对比色和金属色，造成华美绚烂、五彩斑斓和激烈昂扬的视觉印象，备受人们推崇和喜爱。

图 3-47 新装饰艺术风格陈设

Note：

3.2.5 新中式风格

新中式风格是近期兴起的设计风格，是中国传统家居文化的演绎和古典中式风格的当代延续。它针对当代生活的特点和审美要求，着眼点仍然是现代主义，其特点是在现代风格的基础上蕴含中国传统家居的文化意义。

新中式空间造型多采用简洁硬朗的直线。直线装饰在空间中的使用，不仅反映出现代人追求简单生活的居住要求，更迎合了中式风格追求内敛、质朴的设计实质，使这种风格更加实用、更富现代感、更能被现代人所接受（图 3-48）。

图 3-48 新中式风格室内空间

新中式风格材料上多用木、竹、丝、纱、皮革、壁纸、玻璃、金属、仿古瓷砖、大理石等；色彩上推崇单纯的色彩，统一而简洁，结合墙面的留白与室内陈设形成虚实变化，讲究空间的层次感，常常在黑、白、灰基础上以皇家宫殿常用的红、黄、蓝、绿等作为局部色彩。

设计师在进行新中式风格住宅室内陈设设计时，在家具选择上应贵精不贵多，采用简单的混合搭配形式作为主要手法，可用现代中式家具或现代家具与古典家具相结合，古典家具多以线条简练的明式家具为主（图 3-49）。在配饰产品选择时，只要在满足使用功能的基础上，适当运用简单的中式元素装饰手法即可。无须运用非常多的中式摆件和陈设，适当点缀一些富有东方精神的物品，如瓷器、陶艺、中式窗花、佛头、字画、布艺、皮具以及其他具有一定含义的中式元素物品，就可取得好的效果（图 3-50）。

新中式是中式与西式、古典与现代相碰撞的新的表达方式，对清雅含蓄、端庄丰华的东方式精神做出了完美表达。

图 3-49 新中式风格书房家具

图 3-50 新中式风格陈设产品

3.2.6 混合风格

科技的进步和财富的增长彻底改变了人们的生活方式，人们的思维方式和审美眼光也在发生着变化。人们不再拘泥于一种风格，而是尝试着从各种风格中吸取自己喜爱的元素，再按照个人风格将它们融合起来。这样不仅模糊了风格间的界限，也创造了各种独一无二、别出心裁的混合风格（图 3-51）。

混合风格虽然在设计中不拘一格，但并不代表可以毫无章法、胡乱搭配。设计师要匠心独具地运用多种方式，深入推敲形体、色彩、材质等方面的统一性和构图的视觉效果（图 3-52）。

例如，具有统一元素的欧式古典琉璃灯与东方传统家具搭配；传统的屏风、茶几与现代风格的墙面及门窗装饰、新型沙发搭配，还可搭配在世界各地旅游时搜集来的小饰品和纪念品。一个空间融合古今中外，既趋向现代实用，又吸取传统特征，塑造了经典而充满艺术感的室内陈设风格（图 3-53）。

图 3-51 混合风格客厅陈设（1）

图 3-52 混合风格起居室陈设

图 3-53 混合风格客厅陈设（2）

Note：

3.3 地方主义风格

地方主义风格包括地中海风格、自然主义风格等。

3.3.1 地中海风格

它是指在 9 —11 世纪兴起的地中海地区独特的风格类型。地中海地区虽然国家、民族众多，但是其独特的气候特征还是让各国的地中海风格呈现出一些一致的特点。这一地区的室内装饰风格以其极具亲和力的风情及柔和的色调组合被广泛地运用到现代设计中（图 3-54）。要打造高贵的地中海风格，最好采用低纯度和色度的色彩，而高纯度色彩往往适合较为休闲的地中海风格。

图 3-54 地中海风格陈设

Note：

地中海风格多采用陶砖、白灰泥墙、连续的拱廊与拱门、海蓝色的屋瓦和门窗。地面多铺赤陶或石板，马赛克在地中海风格中是较为华丽的装饰。室内陈设家具为线条简单但修边浑圆的实木家具，而锻打铁艺家具是地中海风格独特的美学产物。窗帘、壁毯、桌巾、沙发套、灯罩等布艺纺织品以素雅的小细花、条纹格子图案为主（图 3-55）。人们利用小石子、瓷砖、贝类、玻璃片、玻璃珠等素材，切割后再进行创意组合，制成各种装饰物（图 3-56）。家居室内绿化多为薰衣草、玫瑰、茉莉、爬藤类植物，小巧可爱的绿色盆栽也常可见。

图 3-55 地中海风格布艺纺织品

图 3-56 地中海风格装饰物

3.3.2 自然主义风格

（1）法式乡村风格

法式乡村风格是由文艺复兴式风格演变而来的，至今仍然广受推崇（图 3-57）。它吸收了路易十四时期的装饰元素，但更为注重舒适度和日常生活实用性，常应用于普通百姓的家庭设计中。法式乡村风格偏好自然做旧的效果，这种效果的起源是希望家具设计更具持久性、更为耐用，在长时间的打磨和使用中，也会逐渐出现用旧的效果（图 3-58）。木头雕刻装饰的主题形象主要有表现丰收富饶的麦穗、羊角和葡萄藤，代表肥沃和孕育的贝壳，寓意爱的鸽子及爱心等。

图 3-57 法式乡村风格客厅

图 3-58 法式乡村风格餐厅

简洁的家具、淡雅的色彩、舒适的布艺沙发均是对法式乡村风格的诠释与应用。法式乡村风格具有代表性的软装摆设有木制储物橱柜、铁艺收纳篮、装饰餐盘、木制餐桌、靠背餐椅和藤编坐垫等。色调淡雅、简洁的亚麻布艺是法式乡村风格软装中必不可少的，而木耳边是法式乡村风格的常用方式（图 3-59）。

图 3-59 色调淡雅的法式乡村风格

（2）美式乡村风格

美式乡村风格源于美国乡村生活，与法式乡村风格类似，也运用了大量的木材，注重简单生活方式，强调手工元素和温馨的氛围。美式乡村风格元素被广泛运用于客厅、餐厅等家人团聚的场所，还有阳台、门廊等与亲朋好友闲聊叙旧的地方（图 3-60、图 3-61）。

Note：

图 3-60 美式乡村风格客厅

图 3-61 美式乡村风格陈设元素

在美式乡村风格的造型元素中，所有欧式风格的造型，比如拱门、壁炉、廊柱等都可以出现。所不同的是，这些造型线条要更加简单，家具装饰等选材天然，刻意做旧（图 3-62）。

美式乡村风格注重温馨感和舒适度，没有过多的修饰、绚烂的色彩和繁复的线条。色彩方面主要有美国星条旗组合色红、白、蓝，还有一种以 Betsy Ross 制作的最老的古董星条旗为灵感的做旧色彩组合，以及带有茶色陈旧感的红、白、蓝色。另外，美式乡村风格还会大量运用带有温馨情感文字的装饰品，及有代表性的标志图案为装饰。许多美国家庭还会根据季节和假日来变换家里的装饰（图 3-63）。

图 3-62 美式乡村风格厨房陈设

图 3-63 美式乡村风格客厅陈设

Note：

PART 4

住宅室内陈设色彩设计

色彩通过色相对比、明度对比、纯度对比等手段表达人们的情感和引起联想，使人们产生不同的生理和心理反应，甚至影响人们对事物的客观理解和看法（图 4-1、图 4-2）。在整个陈设设计实施中，色彩作为前提和基础，占据着重要地位。而住宅室内陈设设计师作为美好事物的创造者和居室设计的情感表现者，最应具备的基本功是陈设色彩设计，它是陈设设计的精髓与灵魂。能否把握准确的色彩搭配方法，决定着作品成功与否（图 4-3、图 4-4）。

图 4-1 黄橙色色彩联想

图 4-2 蓝色色彩联想

图 4-3 室内陈设色彩

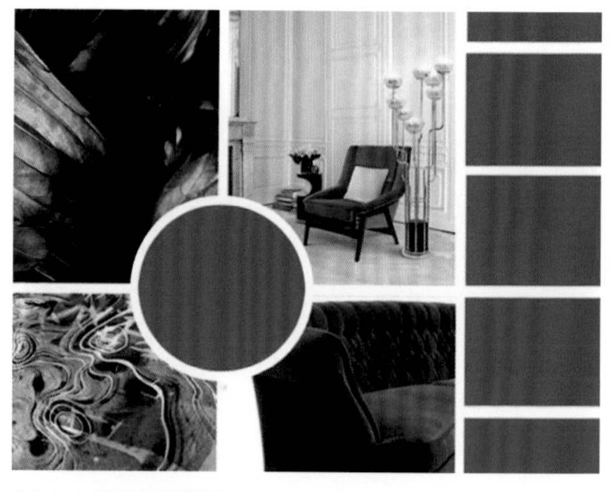

图 4-4 陈设色彩搭配

4.1 住宅室内陈设设计配色基础知识

4.1.1 色相配色

在住宅室内陈设色彩设计过程中，我们可以从色相入手，进行色相型色彩搭配。可以选择色环上的任一色相，如蓝色，通过不同明度、纯度的蓝色搭配，形成同色相但不同色调的同类色搭配（图 4-5、图 4-6）；也可以选择色环上相靠近的类似颜色进行类似色搭配，如紫红与紫色、紫红与红色组合（图 4-7、图 4-8）；或者选择色环上相对的色彩进行组合，形成互补色组合，如橙色与蓝色搭配组合（图 4-9、图 4-10）。

Note：

图 4-5 同类色 色相相同，但色调有深浅之分的颜色

图 4-6 同类色搭配

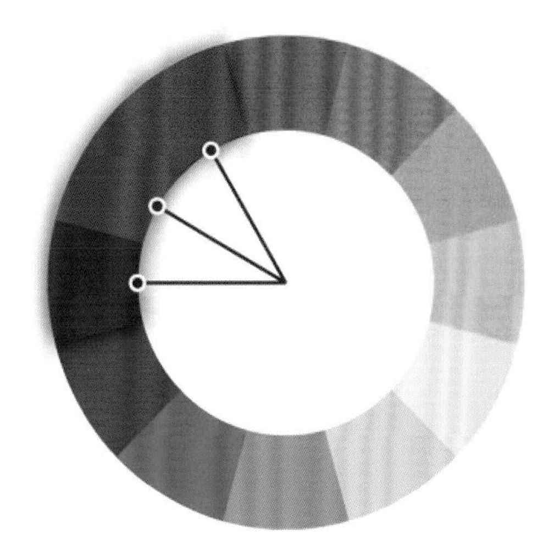

图 4-7 类似色 色环上相邻的三个颜色属于类似色的范围

图 4-8 类似色搭配

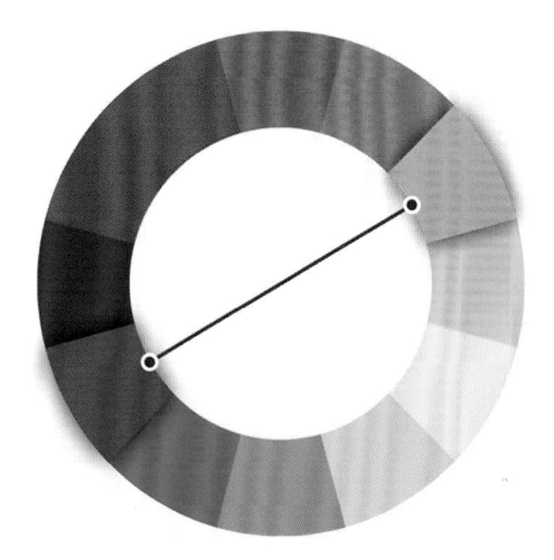

图 4-9 互补色 色环上互为 180° 的颜色为互补色

图 4-10 互补色搭配

当遇到不知道从哪种色相着手的情况时，可以考虑根据主题内容，先确定冷、暖基调，再挑选颜色就会相对容易一些。以暖色为主的色彩搭配给人的印象是生动的、有激情的、有表现力的、膨胀的，空间位置给人靠前的感觉（图 4-11）；以冷色为主的色彩搭配给人的印象是谨慎的、冷静的，冷色系色彩搭配容易产生平静感、收缩感，空间位置让人感觉靠后（图 4-12）。暖色调的亮度越高，其整体感觉越偏暖 冷色调的亮度越高，其整体感觉越偏冷。

色彩“冷暖”是一个相对概念。譬如说，红色系当中，大红与玫红在一起的时候，大红就是暖色，而玫红就被看作冷色；又如玫红与蓝色同时出现时，玫红就是暖色（图 4-13）。彩色系冷暖感觉非常突出，而无色系的色彩冷暖就不是很明显。我们一般把黑色、白色和灰色等无色系视为中立色彩，没有冷暖感，称其为无性色。但在实际运用中受到其他搭配色彩的影响，黑、白、灰等色彩也会表现出一定的冷暖感。

图 4-12 冷色系室内陈设

图 4-11 暖色系室内陈设

图 4-13 偏暖的玫红色

Note :

4.1.2 明度配色

在住宅室内陈设设计中，不同明度色彩的产品搭配效果差异较大（图 4-14）。明度高的色彩相互搭配，可传达纯净、甜美、轻快等感觉（图 4-15~ 图 4-17）；反之，明度低的色彩相互搭配，会给人以厚重、传统等感觉（图 4-18~ 图 4-20）。在同一空间的色彩组合中，陈设品色彩的明度差异大，将可达到力度强烈、富有活力等视觉效果（图 4-21）；其明度差异小时，则可能传达平和、雅致之感（图 4-22）。因此在设计时，要根据主题进行色彩的清晰定位，从而选择不同的色彩明度搭配。

图 4-14 陈设产品的不同明度印象

高明度陈设元素显得柔和质朴、欢快甜美；
低明度陈设元素则显得结实厚重且有质感

图 4-15 明色纯净感

图 4-16 明色甜美感

图 4-17 明色轻快感

Note：

图 4-18 暗色厚重感

图 4-19 暗色沉着力量感

图 4-20 暗色传统感

图 4-21 明度差异大的陈设配色

明度差异大，陈设元素形象清晰度高，体现出活泼、强劲的力度感

图 4-22 明度差异小的陈设配色
明度差异小，陈设元素形象清晰度低，但体现出高雅、朴实、优质之感

图 4-23 高纯度陈设产品

图 4-24 低纯度陈设产品

4.1.3 纯度配色

室内陈设搭配时，陈设产品的色彩纯度越高，越容易形成强劲有力的色彩印象（图 4-23）；而纯度越低，则越容易形成质朴、稳重的印象（图 4-24）。在色彩组合时，纯度较高的色彩搭配组合，会形成鲜艳、活跃等感觉（图 4-25~ 图 4-27）；纯度低的色彩组合在一起，则形成沉稳、悠然、素雅之感（图 4-28~ 图 4-30）。在同一空间中，陈设品的色彩组合如纯度差异小，则容易形成灰、粉，甚至是脏的感觉（图 4-31）；如果加大纯度差，即可达到较为艳丽、活跃的空间效果（图 4-32）。

Note：

图 4-25 高纯鲜艳感

图 4-26 高纯活跃感

图 4-27 高纯有生气感

Note：

图 4- 28 低纯沉稳感

图 4-29 低纯悠然感

图 4-30 低纯素雅感

图 4-31 小纯度差

图 4-32 大纯度差

4.1.4 色调

“色调”是色彩设计中一个常用的词语，我们用色调来表述色彩的明度、纯度、色相的相对关系。色调是一个室内空间中主要的颜色基调，在陈设设计领域越来越受到重视。日本色彩研究所研制的 PCCS 色立体的最大特征就是加入了“色调”概念，色调由明度和纯度的数值交叉而合成，意指色彩的浓淡、强弱程度。色调通常分为纯色、明色、暗色、浊色等区域（图 4-33）。日本色彩研究所进一步将色调区域系统、完善地细化为 12 种色调感觉，形成 PCCS 色调体系（图 4-34），每一种色调都会带来不同的色彩感受（表 4-1）。

色调是影响陈设整体配色效果的重要因素，对室内空间的色彩印象和感觉起决定作用。即使在色相不统一的情况下，只要色调一致，空间也能展现出统一的配色效果，传达共通的色彩印象。

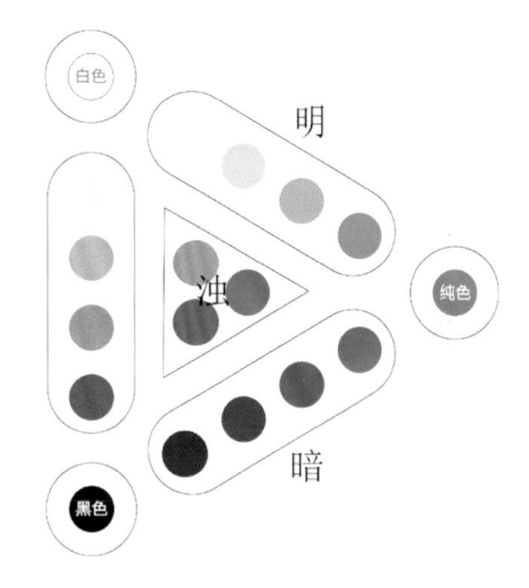

图 4-33 色调分区
明色调就是在纯色中加入白色，白色越多，色调越淡；
浊色调就是在纯色中加入灰色，灰色越浅，色调越淡；
暗色调就是在纯色中加入暗色，黑色越多，色调越暗

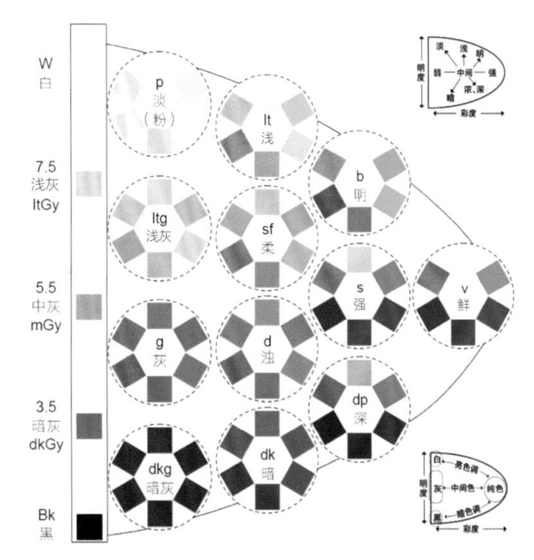

图 4-34 日本 PCCS 色调体系

Note：

表 4-1 PCCS 色调体系

色调		色彩感受
粉色调	p	粉嫩、可爱、甜美、清澈、轻柔、透明、浪漫、平静、高雅、欢快、柔美、洁净
浅色调	lt	清朗、欢愉、快乐、简洁、妩媚、娇媚、柔弱、柔和、轻盈、干净、明亮、舒服、明净、轻快、甜美、风雅、爽快、温柔、清纯
明色调	b	青春、活泼、鲜明、光鲜、光辉、华美、华丽、欢愉、快乐、运动、健美、清亮、新颖、新鲜、女性化、清新、明朗、朝气蓬勃、上进
浅灰色调	ltg	温柔、轻巧、轻盈、柔弱、消极、成熟、朴实、含蓄、稳重
柔色调	sf	轻松、悠闲、优雅
强色调	s	强烈、刺激、醒目
鲜色调	v	鲜艳、艳丽、华美、靓丽、生动、活泼、活跃、外向、发展、成长、兴奋、悦目、刺激、自由、激烈、豪迈、朝气蓬勃
灰色调	g	朴素、质朴、柔弱、内向、消极、压抑、沉闷、阴郁、郁闷、暗淡、稳定、成熟、平淡、平庸、含蓄
浊色调	d	朦胧、含糊、安好、宁静、沉稳、沉着、朴素、质朴、稳定、稳重、不变、柔弱、守旧
深色调	dp	沉着、稳定、成熟、高尚、华丽、庄重、稳重、老成、干练、深邃浓郁、神秘、传统、严谨、尊贵
暗灰色调	dkg	厚重、健壮
暗色调	dk	深沉、冷静、沉着、庄重、稳定、稳重、慎重、坚毅、刚毅、坚实、充实、充分、中性、传统、保守

4.2 住宅室内陈设的色彩分类

4.2.1 从色彩角色的角度分类

住宅室内空间中的色彩，既体现为墙面、地面、天花等界面色彩，还包括家具、窗帘以及各种家居饰品的色彩。每个空间里的颜色都有各自的角色身份，可以分为四种最基本的色彩角色：主角色、配角色、背景色和点缀色（图 4-35）。能正确地区分、把握角色，是我们进行陈设配色设计时有效地组织元素、搭配完美色彩空间的基础。

图 4-35 色彩四角色

（1）主角色

主角色是居室室内空间中的大件家具、装饰织物等构成视觉中心的主体物所具有的颜色。主角色是配色的主体和中心色，占据室内空间色彩最重要的地位，可以是一种颜色，也可以是一个单色系，其他颜色的选配通常以它为基础（图4-36）。

主角色的选择通常有两种方式：如要达到整体协调、稳重、平和的效果，应选择与背景色、配角色相近的同类色或类似色进行搭配（图4-37）；如需产生生动、活跃的效果，则选择与背景色或配角色成对比的色彩。

图 4-36 空间视觉中心主角色
作为配角的单人沙发虽然具有强势的色彩，
但依旧不能取代白沙发的视觉中心和主角色地位

图 4-37 主角色与背景色融合

（2）配角色

其视觉重要性和体积仅次于主角色，常用于陪衬主角，使主角突出。配角色通常包括体积较小的家具，如短沙发、椅子、茶几、床头柜、床榻等物品的色彩，可以是一种颜色，或者一个单色系，还可以是由若干颜色组成的色组。

配角色陪衬主角色，令空间生动感、活力感增加。通常，配角色与主角色会保持一定的色彩差异度，这样既突显了主角色，又能丰富空间层次（图4-38）。

图 4-38 视觉空间配角色

（3）背景色

背景色常指住宅室内空间中的墙、地、天花等大面积的界面色彩，是室内陈设的背景色彩，也可称为支配色，是决定空间整体配色印象的重要角色。它通常由单色或多色组成。在室内空间中，即使是同一套家具，如果背景色不同，给人的感觉也截然不同（图4-39）。背景色由于其面积优势，实际上支配着整个空间的效果，以墙面色为代表的背景色，通常是家居配色首先应关注的点。

图 4-39 同一空间不同背景色

（4）点缀色

它是室内环境中最易于变化的小面积色彩，如壁饰、靠垫、花卉植物、日用品、摆设品等陈设元素的颜色。使用点缀色通常是为了打破单一的整体效果，因此点缀色设置相对比较自由，通常是由单色或多色组成的色组。设计师可采用较为强烈的色彩，以对比色或高纯度色彩来加以表现。点缀色处在不同的位置上，都可能使主角色、配角色、背景色成为它的背景（图 4-40、图 4-41）。

图 4-40 点缀色

图 4-41 不同位置的点缀色

4.2.2 从色彩面积的角度分类

色彩角色的分法是以色彩的“身份”来区分的，所以主角色往往是空间中占主要地位的家具或大型陈设品等色彩载体的颜色。而我们在进行居室色彩分析和设计时，还常常从面积的角度进行另一种形式的考量。从面积角度来划分，住宅室内空间色彩可以分为主色、次色、辅助色（图 4-42）。空间中占绝对面积优势的色彩称为主色，而前面所说的主角色则是构成空间中焦点的色彩，二者并非重叠；面积中等，影响力稍弱的称为次色；辅助色则等同于点缀色。设计师常用的一种基本面积配色法则，其比例分配为 6:3:1，主色约占 60% 的面积，次色约占 30% 的面积，辅助色约占 10% 的面积。

两种分法各有千秋，“四角色”直接指向各种陈设元素，适用于住宅室内陈设实际配色设计。“主、次、辅”从面积上归纳色彩，适于从整体上对配色印象进行分析与把握。设计师在实际的住宅室内陈设色彩设计中，可将二者综合起来，完整地把握居室空间色彩设计。

图 4-42 陈设空间的主色、次色、辅助色

Note：

4.3 住宅室内陈设色彩设计学习要点

4.3.1 留心观察与收集生活中的颜色

要设计出优秀的陈设配色方案，陈设设计师需要不断培养自己的色彩情感，留心观察与收集生活中的色彩。花朵、树木、海水等自然景物为我们提供了许多美妙的色彩及色彩搭配（图 4-43）；我们还可以从儿童画中那种没被俗世污染的清纯色彩中去筛选颜色（图 4-44）；我们也从民族工艺或者传统文化中去发掘色彩；或者从世界服装大牌的新品设计中借鉴学习前沿的色彩时尚潮流。总之，我们要用自己对自然和世界的感知，发现奇妙的色彩世界，赋予色彩以更多的情感因素，让陈设空间的色彩充满生命力。

图 4-43 自然色彩提取

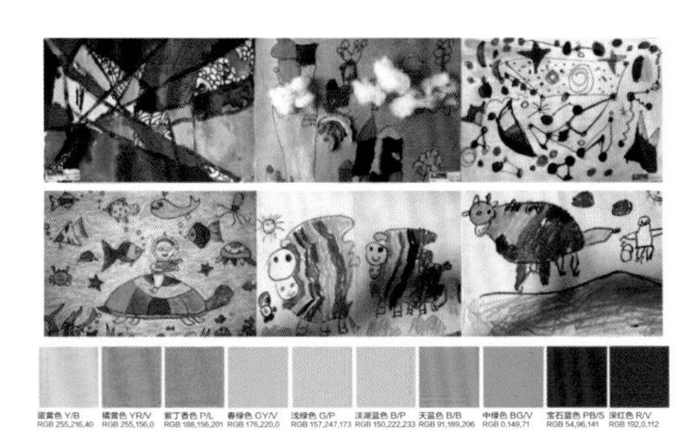

图 4-44 儿童绘画色彩提取

Note：

4.3.2 运用比较的方法观察配色差异

世界上的颜色没有好坏之分，只有不恰当的搭配。设计师要不断提升对色彩的感知能力与控制能力。我们平时浏览配色的时候，会觉得哪个方案好像都不错，但是一到实际操作时，就弄不清楚色彩究竟要怎样组合，什么才是自己真正需要的。设计师需要运用比较的方法，去发现配色之间的差异，尤其是对同一空间的两个配色方案进行比较，如鲜艳的色彩显得愉悦，低调的色彩显得高雅，在比较中求得合适的配色方案（图 4-45）。

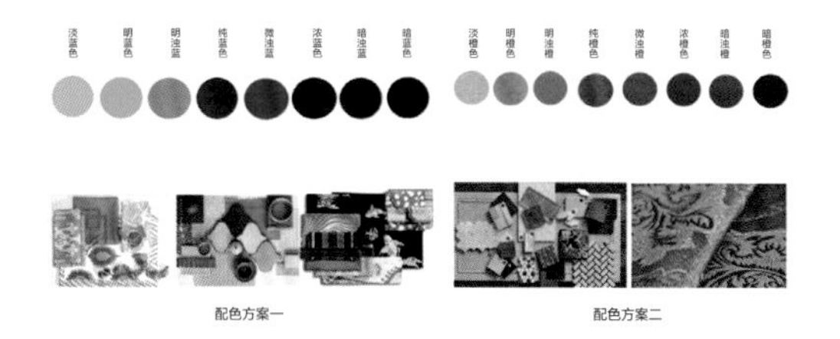

图 4-45 配色方案比较

4.3.3 遵循及善用色彩的基本原理

陈设设计师要进行系统的色彩理论知识学习和训练，必须了解色彩的属性，善用色彩的基本原理。无论变更配色方案中的哪个因素，整体的配色印象都会随之发生改变，直接影响整体效果。设计师要通过对色彩属性和搭配原则的掌控进行灵活调整，面对复杂的空间环境时，做出合理的判断。

4.3.4 考虑空间特点

对于住宅来说，不同的空间有不同的用途，客厅属于活动性空间，卧室则用于休息与睡眠，需要安静闲适。有的空间还会存在某些缺陷，如果不能从根本上进行改造，运用色彩的手段对空间的缺陷进行部分调整，是一个不错的选择。例如，当房间过于宽敞时，可以采用具有前进性的色彩来进行墙面的处理，使空间变得紧凑亲切。

在色彩的选择上要充分考虑到空间的不同用途和物理状况，以做出合理的选择和搭配。

4.3.5 考虑空间使用者因素和空间色彩印象

不同空间的使用者在很大程度上决定了室内陈设配色的思考方向。使用者因年龄、职业、性别等因素不同，而对空间的色彩有着不同的需求。人的个性虽然千差万别，但是其中会存在某些共性，例如年轻人更加偏爱鲜艳跳跃一点的颜色，老人家则更适应低调平和的色彩（图 4-46）。

空间色彩印象皆是通过色调、色相、明度、纯度等诸多因素按照一定的规律组织起来的。使用者不同，其空间色彩印象也不相同。

① 女性空间的色彩印象。

在表现女性色彩时，多数会以红、粉等暖色为主，同时选择对比弱的明度高的粉色调和浅灰色调传达出女性温柔甜美的印象。紫色具有特别的效果，即使是强有力的色调，也能创造出具有女性特点的氛围。

以粉色为主的高明度配色，贴合女性甜美、浪漫的感觉，整体显得轻盈、淡雅、梦幻。比高明度的淡色稍暗，且略带混浊感的暖色，能体现出成年女性的优雅、高贵气质。采用冷色系时，只要使用柔和、淡雅的色调和对比度低的配色，就能体现女性清爽、干练的感觉。色彩搭配要避免过强的色彩反差，保持过渡平稳（图 4-47~ 图 4-49）。

图 4-46 考虑使用者因素的色彩搭配

Note：

图 4-47 甜美感

图 4-48 淡雅感

图 4-49 优雅感

② 男性空间的色彩印象。

具有男性特征的色彩通常是厚重、冷峻、刚毅的。厚重的色彩通常传达出较强的力量感，以暗色调和浊色调为主；冷峻、刚毅的色彩则表现出男性的睿智、理性、果敢，以冷色系或黑、灰等无性色为主，明度和纯度较低。

在展现理性的男性气质时，蓝色和灰色是不可缺少的颜色，搭配具有洁净感的白色，显得干练、锋利且有力度。暗浊的蓝色与深灰，则体现出高级感和稳重感，通过强烈对比来表现富有力度的阳刚之气，也是表现男性印象的要点之一。

深色调的暖色和中性色能传达出厚重、坚实的感觉，比如深茶色和深绿色等。而在蓝、灰组合中，加入深暗的暖色会传达出传统、考究的绅士派头（图 4-50）。

图 4-50 厚重、坚实的男性空间印象配色

③ 儿童空间的色彩印象。

儿童给人天真、活泼的感觉。儿童空间通常与明度和纯度都较高的色彩相配，也就是明、粉色调（图 4-51），容易营造出儿童欢快、明朗的印象，用丰富的红、橙、黄、绿等接近全相型的配色，有着开放和自由自在的感觉，在高纯度中透着明亮感觉的色彩，能表现儿童活泼、调皮的特点（图 4-52）。

对于婴幼儿，则要避免使用纯度较高的色彩，他们需要享受温柔的呵护。应尽可能地采用粉色、类肤色等暖基调，营造温馨的氛围（图 4-53）。

不同的色彩组合适合不同的居住者和不同的空间环境，设计师要通过考虑空间使用者的特点来分析空间对色彩印象的诉求，有针对性地选择色彩并且有效地组织色彩，使得各元素在满足空间机能的同时，成功地营造出理想的空间氛围。

图 4-51 天真、活泼的儿童空间印象配色

图 4-52 全相型儿童空间印象配色

Note：

图 4-53 婴幼儿空间印象配色

4.4 住宅室内陈设色彩搭配方法

住宅室内陈设色彩设计是一项非常科学的工作，根据室内陈设整体定位和要求，结合居室空间的实际情况和色彩印象的需要，进行一系列色彩元素的选择和组织活动，熟练运用色彩进行搭配，将使我们的工作事半功倍。

丰富的色彩使居室空间使用者心情愉悦，但同时要注意把控尺度，如果视觉范围内的颜色太多，就容易使人感到复杂和烦躁，合理的色彩搭配才能营造出一个和谐的居室环境，体现居住者的格调与追求。在实际配色时，我们可以通过以下基本方法，对住宅室内陈设色彩的属性进行控制，达到合理配色的目的。

4.4.1 近色法

近色法就是在进行居室配色设计时，选择色相相近或明度统一或色调靠近的色彩元素进行组合，以达到削弱对比、增强融合性的目的。这是一种整体融合的配色方法，常用于营造稳定、温馨、传统、恬静的居室室内效果。为了避免近色法的色彩过于一致、缺少变化，在实际操作时，如果选择色相相近的颜色，可以通过明度和纯度的改变、质地和纹样的变化，增加场景的层次变化；如果明度、纯度统一时，可选择色相的变化，甚至选择冷暖色，寻求冷暖微差（图 4-54~ 图 4-57）。

图 4-54 近色法色彩搭配——明度微差

图 4-55 近色法色彩搭配——色相微差

图 4-56 近色法色彩搭配——冷暖微差

图 4-57 近色法色彩搭配

4.4.2 远色法

远色法就是在进行配色设计时，选择色相、明度、纯度差较大的色彩元素进行组合，以达到强化对比的目的。这是一种突出主角的配色方法，常用于营造个性、现代、张扬、活跃的居室室内陈设效果。为了避免远色法的色彩难以在同一空间中和谐一致，在实际操作时，可以选择加大所选色彩的面积差，或者通过增加中间色寻求色彩的协调（图 4-58~ 图 4-61）。

图 4-58 红蓝色相差

图 4-59 对比色差异

Note：

图 4-60 色相、明度、纯度差异

图 4-61 远色法色彩搭配

4.4.3 跳色法

跳色法是在进行住宅室内陈设配色设计时，选择与整体色相、明度、纯度形成强烈反差的色彩的配色方法。与整体色无色相差，有明度和纯度差的为正跳色；有色相差的为反跳色。这是一种局部主角突出或者是点缀色突出的配色方法，常用于打破空间环境的单一印象，调节空间氛围，营造活泼的、有趣味性的居室室内效果（图 4-62~ 图 4-65）。

图 4-62 红色跳色

图 4-63 桃红跳色

Note：

图 4-64 有彩色与无彩色跳色

图 4-65 对比色跳色

4.4.4 靠色法

靠色法就是在进行配色设计时，选择与主色相靠近的色彩元素进行组合，以达到整体氛围融合的目的。这是一种丰富空间层次的配色方法，可以形成色彩群组（图 4-66、图 4-67）。

图 4-66 主色靠近

图 4-67 色彩群组

Note：

4.4.5 消色法

消色法就是在进行配色设计时，选择从第一印象出发，逐步消减印象色彩的方法，可以用明度、纯度的渐变递减，形成整体氛围，增加空间细微层次，强化空间的秩序感（图 4-68、图 4-69）。

图 4-68 明度纯度递减

图 4-69 空间层次和秩序

4.4.6 冲突色法

冲突色法是在进行配色设计时，选择接近互为补色的两色进行搭配的配色方法。环境中两色都会很强势，各不相让，当纯度足够高时，相邻处还容易产生炫光感。实际使用时可以通过减小面积、降低明度或纯度来抑制一方，常用于营造活泼、夸张、刺激的色彩感强的室内效果（图 4-70~ 图 4-73）。

图 4-70 改变纯度的红绿冲突

图 4-71 加大面积差的蓝橙冲突

Note：

图 4-72 面积差大的补色冲突

图 4-73 红绿补色冲突

4.4.7 呼应法

呼应法就是在进行配色设计时，选择将色彩进行穿插，使某一空间或界面中的色彩，在另一空间或界面出现的配色方法。使用这种方法可以达到视觉的流线性，增强空间视觉的整体感，通过色彩面积大小的变化增强空间的节奏感（图 4-74~ 图 4-76）。

图 4-74 橙色饰品色彩呼应

图 4-75 饰品与画颜色呼应

图 4-76 果品、家具与书架上的摆件颜色呼应

图 4-78 黄紫互补色平衡

4.4.8 平衡法

平衡法就是在进行配色设计时，用色彩平衡空间色彩冷暖、明暗、鲜浊的方法。常用的色彩平衡方法有互补色平衡、冷暖色平衡、深浅色平衡、有彩色与无彩色平衡、花色与纯色平衡、色彩面积大小平衡六种。

① 互补色平衡：是一种侧重协调视觉刺激的平衡。在居室室内陈设中，利用互补色的组合会创造出强烈的对比，从而产生强烈的刺激感，如果想减少视觉上的刺激和对比，可以适当减少一方的面积，或降低一方的明度或纯度（图 4-77~图 4-79）。

图 4-77 蓝橙互补色平衡

图 4-79 红绿互补色平衡

Note：

② 冷暖色平衡：是侧重协调色彩情感的平衡。冷暖色是情感倾向的表达，冷暖搭配符合视觉心理平衡的规律，但室内空间中冷暖色的比例搭配，要根据设计的实际情况去调整。不同主题适合不同的冷暖，过冷或过暖都会导致色彩情感失衡。大面积地使用饱和度高的冷暖对比色，会让住宅室内环境变得酷炫、夸张且对视觉过于刺激，我们可以通过调整面积比来达到冷暖色平衡，使得室内场景更加稳定、舒适（图 4-80、图 4-81）。

图 4-80 餐厅冷暖色平衡应用

图 4-81 客厅配饰冷暖色平衡

③ 深浅色平衡：是侧重协调色彩层次方面的平衡，注重协调性。在住宅室内陈设设计时，我们可以通过组合与环境色不同明度和纯度的陈设品达到深浅色平衡。如果设计的场景中只有深色，会给人带来沉重感和压力；相反，只有浅色，有时又会显得轻飘。深浅得当才会给人带来舒服的节奏感和层次感（图 4-82、图 4-83）。

图 4-82 不同明度深浅的层次

图 4-83 深浅色营造节奏感和层次感

④ 有彩色与无彩色平衡：是综合考虑画面稳定性的平衡。红、橙、黄、绿、蓝、紫属于有彩色，而黑、白、灰这三种颜色属于无彩色，有彩色和无彩色组合搭配，有聚焦、醒目且自然和谐的色彩效果，无彩色可以达到平衡协统各部分颜色的目的。简单的黑、白、灰为设计中的主角，有彩色则成为设计场景中的聚焦中心（图 4-84、图 4-85）。

图 4-84 红色与无彩色组合

图 4-85 黄色与无彩色组合

Note :

⑤ 花色与纯色平衡：综合考虑色彩群组之间的平衡，突出主题。常见的图案色彩组合，以及渐变色等复杂的色彩都属于花色的范畴。纯色和花色的平衡搭配，同样符合平稳衡定、富有节奏感的需求，减少了色彩的失衡，从而突出主题。如果将花色置于素色之中，可以很好地形成对比，使花色中的内容突显出来（图 4-86、图 4-87）。

图 4-86 配饰靠枕花色与纯色搭配

图 4-87 花色床品与纯色环境搭配

⑥ 色彩面积大小平衡：是综合考虑空间界面方面的平衡。对于色彩的传达，大家都会通过色彩面积的大小而感受到，色彩的面积大小对比会让我们的视线聚焦在小的色彩面积上。我们常常通过色彩面积大小的对比和其他色彩平衡方法的综合运用来创造精彩的视觉表现和引导方式。色彩面积的大小对比可以解决很多意图传达时出现的问题，成为住宅室内陈设色彩设计的关键性平衡方法（图 4-88、图 4-89）。

图 4-88 不同面积的红绿对比

图 4-89 面积对比产生视觉引导

PART 5

住宅室内陈设设计实务

5.1 住宅室内陈设设计的美学原则

室内陈设所呈现出的各种构成关系要具有美的感觉，各种陈设元素的秩序构成，诸如形、色、材质要达到平衡与协调，各种要素的组合要遵循一定的美学原则，最大可能地增强美感效能，使人产生愉悦的心理感受（图 5-1）。

图 5-1 卧室室内陈设 彭薇娜
利用各种陈设元素的秩序构成，达到空间的平衡与协调

5.1.1 比例与尺度

比例是指对象的整体与部分之间、部分与部分之间的大小关系。尺度是指对象的整体或局部与人的生理或人所习见的某种特定标准之间的大小关系。比例是指物与物的相比，表明各种相对面间的度量关系；尺度是指物与人之间的相比，不需涉及具体尺寸，凭感觉上的印象来把握。比例是理性的、具体的，尺度是感性的、抽象的。

室内陈设中各种元素在搭配恰当的原则之下，能产生优美的比例效果。在陈设设计中，我们要注意家具与陈设品的形状大小分配协调，整体布局合理完善（图 5-2）。

Note :

图 5-2 室内一角陈设 彭薇娜
柜子利用抽屉分割，比例关系良好；柜体与台面上尺寸大小不一的陈设品搭配恰当，产生优美的比例效果

5.1.2 稳定与轻巧

稳定是指形体物理上的稳定性和视觉上的稳定感。稳定的视觉重心是人们正常的心理需要，安定、平衡、泰然的感觉使人感到自然、规范。轻巧是指形体物理上的轻盈感和视觉上的运动感。轻巧是人们的另一种心理需要，它给人带来自然、松弛、活泼之感。稳定与轻巧是一对既相互对立又相互依赖的矛盾。

陈设设计整体要求视觉中心稳定，产生让人依赖的可靠的感觉；而有些陈设局部为了达到轻巧生动的效果，会采取不稳定的视觉形态。

稳定和轻巧与下列因素有关。

① 重心：重心高，给人以轻巧感；反之，若形体矮，则重心就低，给人以稳定感。一般来说，如果物体的重心处于到底部距离为总高的三分之一以上，视觉感受轻巧；如果到底部距离为总高的三分之一以下，会有稳定感（图 5-3）。

② 接触面积：底部接触面积较大的形体具有较大的稳定感；底部接触面积较小的形体则具有较小的稳定感，并具有一定的轻巧感（图 5-4）。

Note：

图 5-3 客厅一角陈设（1）
深灰的沙发，重心较低，给人以稳定感；纤细高挑的落地灯，给人以轻巧生动的感觉

图 5-4 客厅一角陈设（2）彭薇娜
家具底部接触面积大，具有稳定感

③ 结构形式：陈设的结构形式有对称形式和平衡形式两种。对称形式有很好的稳定感，能产生庄重、严肃、大方、完美的感觉，但也易产生单调、呆板的感觉；平衡形式具有一定的轻巧感，可用来构成各种形式的对比，如大与小、轻与重等，能给人生动活泼、灵活轻快的感受（图 5-5）。

④ 材料肌理：陈设元素的材料表面粗糙、无光泽，则具有一定的稳定感；反之，陈设元素的材料表面细腻、有光泽，则具有一定的轻巧感（图 5-6）。

⑤ 色彩：陈设色彩明度低，则具有一定的稳定感；陈设色彩明度高，则具有一定的轻巧感（图 5-7）。

图 5-5 平衡的陈设结构形式 彭薇娜

图 5-6 餐桌陈设 彭薇娜
透明光洁的餐具、花器搭配给人轻盈灵动之感

图 5-7 色彩的稳定感与轻巧感 彭薇娜
深色的台面给人稳定感，台面上高明度的陈设品搭配则让人觉得灵活轻快

5.1.3 对比与调和

家居陈设中的对比是指陈设设计中各构成要素之间产生对抗的因素，使个性鲜明化。调和与对比相反，强调构成要素共同的因素，使对比双方减弱差异并趋于协调，达到整体性高层次的统一（图 5-8）。

图 5-8 陈设中的对比与调和

在陈设设计中，对比是取得变化的一种重要手段，可使空间形态生动、活泼，个性鲜明，产生强烈的刺激力和表现力；调和使对比的双方相互接近，产生强烈的单纯感和统一感。只有对比没有调和，则显得杂乱无章；只有调和没有对比，就会显得平淡无味。因此，在设计中，室内陈设设计师要使对比与调和形成既对立又统一的关系，力求家居风格产生更多层次、更多样式的变化，从而演绎出各种不同节奏的生活方式。而调和则是将对比双方进行缓冲与融合的一种有效手段。

家居陈设中常从以下几方面进行对比与调和。

① 线型的对比与调和：线型的对比是指形体上轮廓线的直与曲的对比、粗与细的对比、长与短的对比。线型的对比与调和是家居陈设中最富有表现力的一种手段，它既可强化和协调空间形态的主次关系，又可丰富空间形态的情感含义（图 5-9）。

图 5-9 线型的对比与调和 彭薇娜

② 形体的对比与调和：形体的对比与调和，可表现为陈设产品的方和圆、大与小以及体量的多与少之间的关系。形体差异大或体量差异大，均形成对比；反之则形成较调和的形式（图 5-10）。

③ 材质的对比与调和：材质的对比虽然不会改变造型的变化，却具有较强的感染力。在陈设设计中，各种材料拥有不同的质地，给人以不同的心理感受。家居陈设中利用材质对比的情况很多，如各种不同肌理表面的材料对比、硬质材料与软质材料的对比等。当各种各样相似质地的材料组合在一起时，它们就呈现出调和关系（图 5-11）。我们要根据不同内容和要求来决定是加强对比还是加强调和。

图 5-10 形体的对比与调和 彭薇娜

图 5-11 材质的对比与调和 彭薇娜
布艺色彩明度对比很强，但由于质地相似，搭配在一起，反而呈现出调和关系

Note：

④ 色彩的对比与调和：家居陈设中的色彩，是通过材料的本色或材料经过处理后的外在色，在各种光线的影响下显现出来的。材料表面的不同色相、纯度和明度都可以形成对比，由此也可以派生出冷暖、明暗、鲜灰、进退、扩张与收缩等对比与调和关系（图 5-12）。

图 5-12 陈设色彩的对比与调和 彭薇娜

5.1.4 节奏与韵律

节奏是一种具有条理性、重复性、连续性的陈设法则，家居陈设是一个体现节奏感的过程。重复产生节奏感，规律的间隔也可产生节奏感。节奏与韵律是密不可分的统一体。当对节奏进行重复或反复时，再赋予其长短、高低、起伏、大小、方向、转折、重叠等变化，则产生出韵律（图 5-13）。

图 5-13 陈设中的节奏与韵律

Note：

韵律按其形式特点可以分为以下几种。

① 重复韵律：重复韵律是陈设设计中色、形、材质的有规律的间隔重复表现，具有强调的个性。重复韵律易创造视觉连贯性，可加强视觉效果（图 5-14）。

② 渐变韵律：陈设设计中各构成要素按照一定规律渐次发展变化称为渐变韵律。渐变能在视觉上引发一种自然扩大与自然收缩的微妙感觉（图 5-15）。

③ 起伏韵律：渐变韵律如果按照一定规律时而增加，时而减少，犹如波浪起伏，即为起伏韵律。这种韵律活泼而富有运动感，能使人产生波澜起伏的荡漾之感（图 5-16）。

④ 交错韵律：陈设设计中各种陈设元素按照一定规律做有条理的交错、相向旋转等变化，各要素之间相互制约，有隐有现，具有组织的秩序，这种韵律即为交错韵律。交错韵律动感较强，易产生生动活泼的效果（图 5-17）。

⑤ 特异韵律：陈设设计中各构成要素在有规律的变化中求突破的韵律形式。其突破点在视觉上造成跳跃，产生新奇感（图 5-18）。

图 5-14 陈设中的重复韵律

图 5-15 陈设中的渐变韵律

图 5-16 陈设中的起伏韵律

图 5-17 陈设中的交错韵律 彭薇娜

图 5-18 陈设中的特异韵律
浅紫的背景，配上一张黄色沙发，形成色彩特异，显得跳跃而有生气

5.1.5 均衡与对称

均衡与对称是室内陈设中实现平衡法则的形式。均衡是指合理处理家居陈设中的各种构成要素，使它们在相互调节之下形成一种安定静止的现象。均衡形态不对称，但因量的感觉相似而形成均衡现象。这种均衡是指各种陈设元素的形、色、质及其有关位置、重量、动力、方向甚至错觉、错视等因素给人的综合感觉是平衡的，若设计师处理得当，则能使平衡效果更显得生动而富有变化（图 5-19）。

图 5-19 均衡陈列 彭薇娜
茶几上的饰品陈列采用均衡构图，显得生动而有变化

对称，是指造型空间的中心点两边或四周的形态具有相同的且相等的量而形成安定现象。对称能给人以庄重、严谨、条理、大方、完美的感觉（图 5-20）。有些对称是安定而静态的；有些对称则在安定中蕴含着动感，但如果处理不当，也会产生单调、呆板的感觉。

设计师在进行家居陈设设计时，在平面布局上要使其格局均衡、疏密相间，在立面布置上要使其有对比和照应，切忌不分层次、空间地将陈设品堆积在一起。

图 5-20 对称陈列

Note：

5.1.6 主从与重点

主从关系是家居陈设布置中需要考虑的基本因素之一。在家居陈设设计中，当陈设的主从关系很明确时，会让人心理安定；如果二者的关系模糊，便会令人无所适从。

在居室装饰中，视觉中心是极其重要的，人的注意范围一定要有一个中心点，在房间里突出某一处成为焦点，这样才能造成主次分明的层次美感，这个视觉中心就是设计布置上的重点。一般说来一个房间只有一个焦点，其他陈设都是为了突出这个视觉中心，不要喧宾夺主（图5-21）。

图 5-21 陈设中的主从关系 彭薇娜

5.1.7 过渡与呼应

过渡是指在家居陈设中在不同陈设元素或色彩之间，采用一种既联系又逐渐演变的形式，使它们之间相互协调，从而达到和谐的效果。呼应是家居陈设中常用的手法，能产生均衡的形式美。过渡与呼应总是形影相伴的。在陈设设计中，顶棚与地面、桌面与墙面、各种陈设元素之间，其形体与色彩层次往往需要过渡自然、巧妙呼应，以取得良好的视觉效果（图5-22）。

图 5-22 陈设中的过渡与呼应 彭薇娜

蓝色与黄色的抱枕之间用网格抱枕形成过渡，同时这些色彩又与窗帘、地毯、挂画的色彩产生呼应关系

5.1.8 多样与统一

家居陈设在整体设计上应遵循多样与统一的形式美原则。多样统一也称有机统一，是指在统一中求变化，在变化中求统一。统一是指在千差万别中寻找形式的共性、同一性、一致性，以强化秩序感。变化是相对统一而言的，形的差别、排列的差别、部位的差别、方向的差别、层次的差别都称为变化，变化越多，表现就越多样。根据功能要求，使整个布局完整统一，这是陈设设计的总目标。设计师要将各种陈设元素按照一定的规律有机地组合成一个整体，使其既有丰富变化，又有和谐秩序，从而达到有机统一（图5-23）。

图 5-23 陈设中的多样与统一 彭薇娜

抱枕的条纹、挂画的纹理、家具的线型包含直线、折线、自由曲线、几何曲线，丰富而有变化，又由于有相似的色彩，在高明度基调中获得统一

Note：

5.2 住宅室内陈设设计工作流程

5.2.1 项目运作总流程

住宅室内陈设设计工作流程包括立项分析阶段、策划分析阶段、方案设计阶段、产品采买与定制阶段、现场陈设阶段、跟踪服务阶段（图 5-24）。

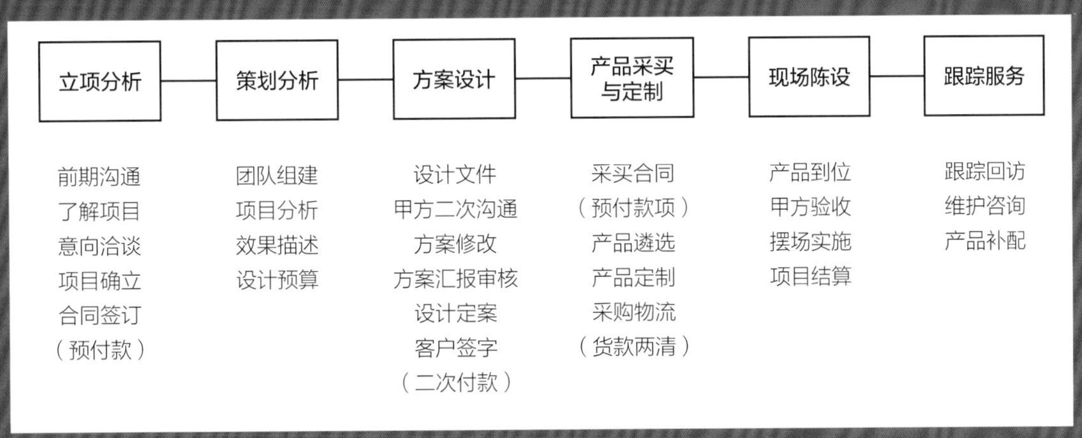

图 5-24 住宅室内陈设设计工作流程

5.2.2 项目工作流程细则

（1）立项分析阶段

在这一阶段，设计师主要是与客户进行前期沟通，了解项目，进行设计意向洽谈。与客户沟通时，要充分了解客户的需要，对客户的资金投入、审美要求等尽可能有清晰的把握。与客户沟通需了解以下主要内容。

① 项目概况：区域位置、面积、硬装风格、硬装费用等。

② 客户信息：年龄、职业、教育背景、家庭成员、经济状况、消费观念、喜好、圈层、家庭决策方式，必要时制作客户信息调查表（图 5-25）。

③ 陈设软装风格意向：提供不同陈设风格图片，要求客户遴选出意向风格，与客户沟通时要尽量从装修时的风格开始，涉及家具、布艺纺织品、饰品等产品细节的元素探讨，捕捉客户喜好，必要时须客户提出书面设计要求。

双方达成意向，项目确立，需要签订设计合同，客户支付设计预付款。

Note：

客户信息调查表

尊敬的客户：

您好！

为了准确把握您需要的设计风格，满足您的家居设计要求，为您提供尽量完善的服务，我们的设计师应当对您家庭的基本资料、您的喜好、您的生活习惯等有所了解。我们会充分尊重您的隐私。充分了解您，才能满足您的需要，请您理解。非常感谢您的密切配合！我们会精心测量房间的每一部分尺寸，同时记录您的意见与要求，为完整家居配饰设计方案提供准确的依据。

一、 基础信息篇

客户姓名：　　　　联系电话：　　　　微信号：

测量地址：

实际量房时间：　　年　月　日　时　分至　时　分

预计装修配饰总费用：　　元

居室面积：（建筑面积）　　平方米

居室种类：□平层　□错层　□跃层　□复式　□别墅　□其他

二、 个性记录篇

1. 您的年龄：□20—25 岁　□26—35 岁　□36—45 岁　□46 岁及以上
2. 您（妻子/丈夫）的学历：　□本科及本科以下　□本科以上
3. 您（妻子/丈夫）的职业：　□经商　□公务员　□高层管理　□医生　□教师　□艺术家　□其他
4. 您从事的行业：　□IT　□电信　□贸易　□服装　□鞋业　□房地产　□旅游　□媒体　□金融　□其他
5. 您的居室成员：　□父母　□夫（妻）　□女儿　□儿子　□孙子　□孙女　□保姆　□其他
6. 您的孩子年龄：　□还没有孩子　□1—3 岁　□4—6 岁　□7—9 岁　□10—13 岁　□14—17 岁　□18 岁及以上
7. 您认为最重要的日子：　□您的生日　□孩子的生日　□结婚纪念日　□其他
8. 您喜欢的家居风格：　□欧式古典风格　□新古典主义风格　□美式乡村风格　□地中海风格　□现代主义风格　□东南亚风格　□新中式风格　□中西混搭风格　□其他
9. 您喜欢的陈设品：摆设类：　□雕塑　□玩具　□酒杯　□花瓶　□其他
   壁饰类：　□工艺美术品　□各类书画作品　□图片摄影　□其他
10. 您喜欢：　□陶器　□玉器　□木制品　□玻璃制品　□瓷器　□不锈钢　□其他
11. 您喜欢哪类画？　□壁画　□油画　□水彩画　□国画　□招贴画　□其他
12. 您喜欢的家居整体色调：　□偏冷　□偏暖　□根据房间功能
13. 您和家人喜欢喝：　□茶　□咖啡　□饮料　□水　□其他
14. 您的用餐习惯：　□经常在家用餐　□经常在外用餐　□经常在家请客
15. 您的洗浴方式：　□淋浴　□浴缸　□两样兼有　□其他

图 5-25 客户信息调查表

16. 您的作息时间： □正常 □早睡早起 □晚睡晚起
17. 您和家人的爱好： □收藏 □音乐 □电视 □宠物 □运动 □读书 □旅游 □上网 □其他
18. 您的个人交际： □喜欢 ·家人享受家庭生活 □交际广泛 □家中偶尔有交际活动
19. 您通过什么媒体了解外面的信息？ □电视 □广播 □报纸 □网络 □杂志 □（渠道发行）直投杂志
20. 您的住宅使用目的： □常年居住 □度假居住 □投资

三、 电器记录篇

家电名称	电冰箱	电视机	音响	洗衣机	空调	电话机	电风扇	备注
家电规格								
家电品牌及颜色								
所处房间名称								

四、 家具记录篇

所处房间名称	门厅	客厅	餐厅	书房	衣帽间	卧室 1	卧室 2	卧室 3	卫生间 1	卫生间 2	车库
家具名称											
家具规格											
制作或采购											

五、 居室测量、沟通记录篇

1. 庭院： □有 □无 □共 平方米
2. 庭院公用空间数： 阳台______个 书房______间 餐厅______间 客厅（起居室）______间
储藏间______间 娱乐间______间 视听室______间 车库______个
3. 是否需要摆放书籍、收藏品及展示品： □是 □否
具体举例：
4. 设计师备忘录：

您的建议（或特殊说明）：

设计师签字： 客户签字：
年 月 日

（2）策划分析阶段

在这一阶段，先要进行团队组建，确定项目负责人和项目参与人员，明确分工与职责范围，制订进度计划。完成团队组建后，立即开展项目策划分析。主要工作内容如下。

① 项目概况分析：对项目区域位置、面积、硬装风格等基本情况进行分析。

② 与硬装设计师沟通：了解硬装设计基本情况，获取原始平面图、硬装施工图、硬装效果图、现场水电图及照片。

③ 现场勘查：在硬装完成后，进行现场勘查，现场拍照。拍照时，对于大场景和局部都要拍摄，便于方案设计和图纸制作。现场测量也是在硬装完成后进行，便于构思配饰产品时对空间尺寸的准确把握。

④ 分析客户信息：对客户生活习惯、经济状况、消费观念、喜好、家庭成员、圈层、年龄、职业、教育背景、宗教禁忌、家庭决策方式、住宅现状、原有家居用品处理意向等方面进行分析，尽可能把握客户的使用要求与期望。

⑤ 解读客户要求：对客户进行色彩测试、风格测试，解读客户的投资意向、摆场采买意向、功能需求、心理需求等。

⑥ 陈设风格定位：收集相关陈设设计资料，包括文字、图片等。将硬装分析情况、文字描述及前期收集的图片整合起来，根据客户的需求并结合原有的硬装风格，确定陈设风格。注意硬装与后期陈设的和谐统一性。

⑦ 陈设设计构思：设计灵感、设计概念、设计主题的确立与提炼。

⑧ 效果描述：对陈设设计最终效果形成文字提案。

（3）方案设计阶段

住宅室内陈设方案设计通过文案策划、图片注释、效果图等多元多样的表达形式来展现设计者的设计意图及目的。住宅室内陈设设计师在给客户提案时，一般先提的是概念方案，在初步设计方案得到客户认可的基础上再进行深化设计，最后出台完整的陈设设计方案。

① 设计文件：住宅室内陈设设计方案的设计文件包括设计文本和设计图纸，主要内容有以下几种。

a. 项目概况：位置、面积、硬装、已有陈设品、空间分析等基本情况的描述。

b. 客户分析：前期客户所有资料的收集整理、客户需求说明、设计目标分析。

c. 设计说明：设计构思、风格定位说明、色彩色调说明、主要产品款型及材料说明、设计最终预想效果说明。

d. 项目预算与采买清单（图 5-26）：在初步方案得到客户的基本认同后，设计师可以在色彩、风格、款型认可的前提下提供两种报价形式，一个中档的，一个高档的，以便客户有选择的余地。

e. 设计概念图：概念图片与概念草图（用来表达设计思路、设计概念及设计灵感）、风格定位与设计意向图（图 5-27~ 图 5-29）。

Note：

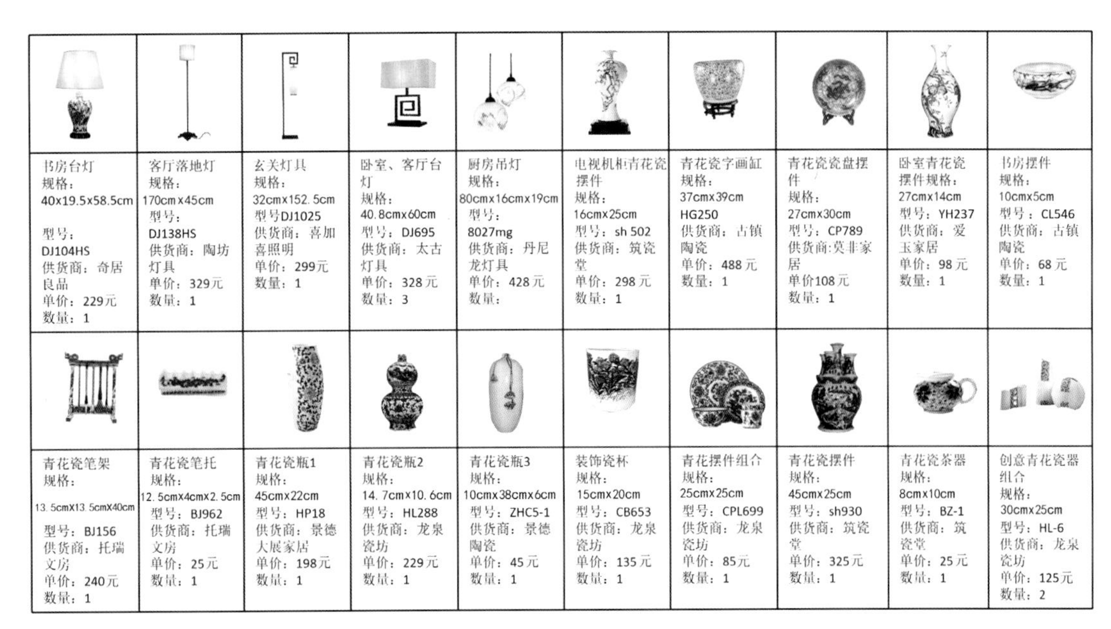

书房台灯 规格： 40x19.5x58.5cm 型号： DJ104HS 供货商：奇居良品 单价：229元 数量：1	客厅落地灯 规格： 170cmx45cm 型号： DJ138HS 供货商：陶坊灯具 单价：329元 数量：1	玄关灯具 规格： 32cmx152.5cm 型号DJ1025 供货商：喜加喜照明 单价：299元 数量：1	卧室、客厅台灯 规格： 40.8cmx60cm 型号：DJ695 供货商：太古灯具 单价：328元 数量：3	厨房吊灯 规格： 80cmx16cmx19cm 型号： 8027mg 供货商：丹尼龙灯具 单价：428元 数量：	电视机柜青花瓷摆件 规格： 16cmx25cm 型号：sh 502 供货商：筑瓷堂 单价：298元 数量：1	青花瓷字画缸 规格： 37cmx39cm HG250 供货商：古镇陶瓷 单价：488元 数量：1	青花瓷瓷盘摆件 规格： 27cmx30cm 型号：CP789 供货商:莫非家居 单价108元 数量：1	卧室青花瓷摆件规格： 27cmx14cm 型号：YH237 供货商：爱玉家居 单价：98元 数量：1	书房摆件 规格： 10cmx5cm 型号：CL546 供货商：古镇陶瓷 单价：68元 数量：1
青花瓷笔架 规格： 13.5cmX13.5cmX40cm 型号：BJ156 供货商：托瑞文房 单价：240元 数量：1	青花瓷笔托 规格： 12.5cmx4cmx2.5cm 型号：BJ962 供货商：托瑞文房 单价：25元 数量：1	青花瓷瓶1 规格： 45cmx22cm 型号：HP18 供货商：景德大展家居 单价：198元 数量：1	青花瓷瓶2 规格： 14.7cmx10.6cm 型号：HL288 供货商：龙泉瓷坊 单价：229元 数量：1	青花瓷瓶3 规格： 10cmx38cmx6cm 型号：ZHC5-1 供货商：景德陶瓷 单价：45元 数量：1	装饰瓷杯 规格： 15cmx20cm 型号：CB653 供货商：龙泉瓷坊 单价：135元 数量：1	青花摆件组合 规格： 25cmx25cm 型号：CPL699 供货商：龙泉瓷坊 单价：85元 数量：1	青花瓷摆件 规格： 45cmx25cm 型号：sh930 供货商：筑瓷堂 单价：325元 数量：1	青花瓷茶器 规格： 8cmx10cm 型号：BZ-1 供货商：筑瓷堂 单价：25元 数量：1	创意青花瓷器组合 规格： 30cmx25cm 型号：HL-6 供货商：龙泉瓷坊 单价：125元 数量：2

图 5-26 产品采买清单 藤月

图 5-27 设计灵感来源（1） 藤月

图 5-29 设计概念图 藤月

图 5-28 设计灵感来源（2） 藤月

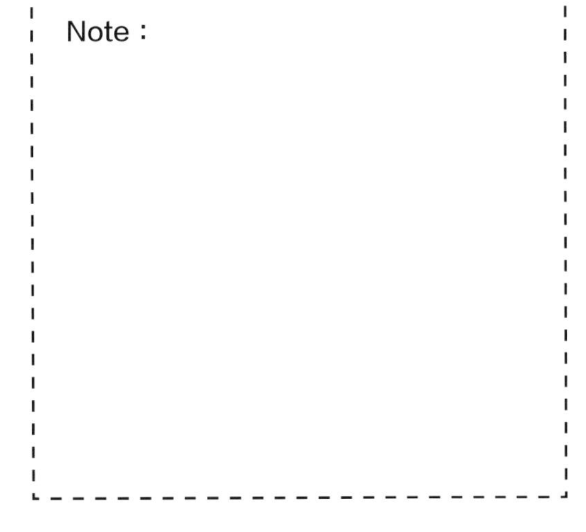

Note：

f. 设计平面图：平面布置图、各功能空间配饰图（图 5-30）。

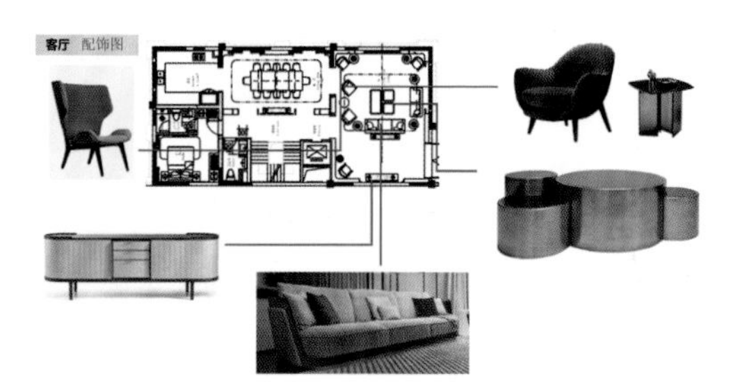

图 5-30 空间配饰图

g. 设计立面图：能更明确地表明陈设产品之间的空间关系，使设计师更好地把握室内陈设的比例与尺度（图 5-31）。

图 5-31 立面示意图 彭薇娜

h. 色彩搭配方案：表达空间色彩搭配及比例（图 5-32、图 5-33）。

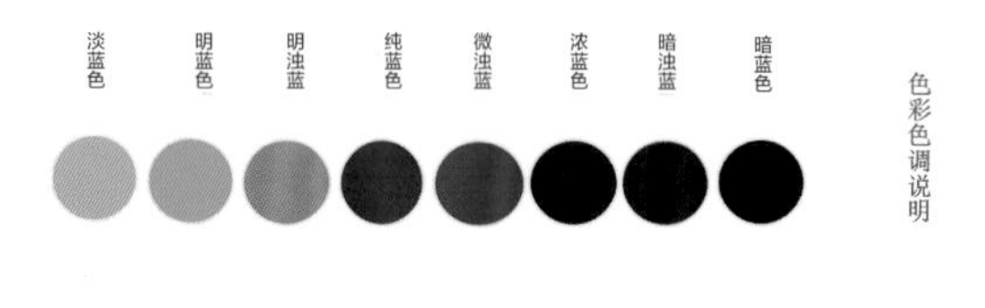

图 5-32 色彩色调说明 藤月

图 5-33 色彩计划 彭薇娜

i. 材料搭配方案：材料样板、材料选择与搭配（图 5-34~ 图 5-36）。

j. 设计效果图：电脑效果图、手绘效果图、节点效果图（图 5-37）。

图 5-34 织物选择意向图 藤月

图 5-35 材质意向图 彭薇娜

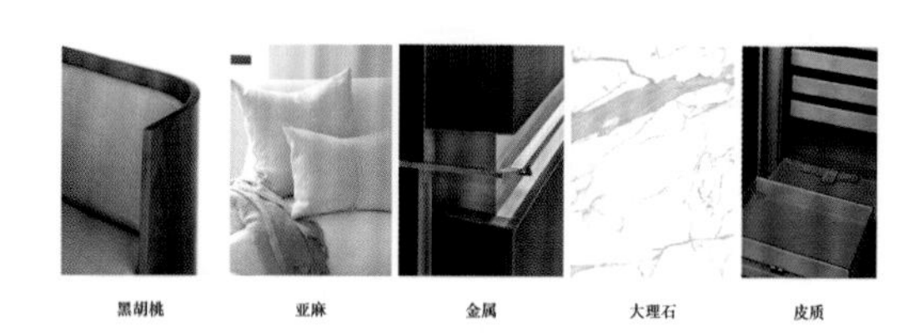

图 5-36 材质说明 马约山

图 5-37 客厅陈设效果图 朱彦蓓

k. 其他：配饰产品摆场空间定位图、单品产品样式图等。

② 方案汇报：方案完成后，就要进行方案汇报。方案汇报包括内审汇报和向客户汇报两项。设计师介绍方案前要认真准备，精心安排，为客户系统全面地介绍正式方案；汇报完后归纳客户的意见和内审人员的意见，以便下一步对方案进行修改。

③ 方案修改和设计定案：在对客户进行完方案汇报后，设计师要认真深入分析客户对方案的理解情况，针对客户反馈的意见进行方案调整，包括色彩调整、风格调整、配饰元素调整与价格调整。设计定案后客户须签字认可。设计师再次到现场，进行二次空间测量，反复考量，对细部进行纠正，核实产品尺寸，尤其是家具尺寸，要从长、宽、高全面核实，反复感受现场的合理性。

（4）产品采买与定制阶段

设计方案确定后，要说服客户陈设产品交给设计师采买。理由是：设计师更理解陈设产品，能保证设计效果；设计师有渠道价格，能挑选到货真价实的产品；可以更节省时间，实现最佳资金分配。

① 采买合同：确定意向后，要与客户签订采买合同，收取采买预付款，还要与厂商签订供货合同。

② 产品遴选与产品定制：做陈设方案时，要求所有产品必须是可以采买或定制的。设计师一般都有厂商的产品图例，可配在陈设方案中。与客户签订采买合同之前，要先与配饰产品厂商核定产品的价格及存货量，还须同客户进行成品产品的确认与定制产品的确认。设计师与客户签约后，按照设计方案进行配饰产品的采购与定制，要考虑定制工期及物流时间。

（5）现场陈设阶段

产品进场前，设计师要再次对现场空间进行复尺，对已经确定的家具和布艺纺织品等的尺寸在现场进行核定，如有问题及时调整。产品到位及客户验收签字后，就要开始摆场了。进场前需要提前做好现场保护，准备好手套、鞋套、保护地面的纸皮等，搬运物品进出时一定要格外小心墙面、地面、门、楼道等。

室内陈设设计师的实际摆场能力非常重要。每次产品到场，设计师都要亲自参与陈列产品，一般会按照家具—布艺—画品等的顺序进行调整摆放。陈设完成后进行一次整体保洁，客户验收完毕后，进行项目结算。

（6）跟踪服务阶段

项目完成后，要主动致电客户进行跟踪回访，为客户提供维护咨询如产品清洗、保养、养护方法等；为客户提供产品补配与维修服务，维护与客户的关系，以此建立口碑效应。

5.3 住宅室内陈设设计案例

5.3.1 实际设计案例

昆明华夏天璟湾郭宅室内陈设设计方案，设计师：马约山。华夏天璟湾是昆明市的高档别墅区，业主郭先生是一位成功人士。项目共有五层：一层、二层、三层、负二层、负一层。

Note：

（1）总体设计定位和设计思路（图 5-38~图 5-42）

社区定位

图 5-38 社区定位

风格阐述

图 5-39 风格定位

客户喜好色

图 5-40 色彩计划

主角色为素色，点缀色着重使用皇室蓝，在抱枕、地毯、小饰品中体现，显得高贵而沉静

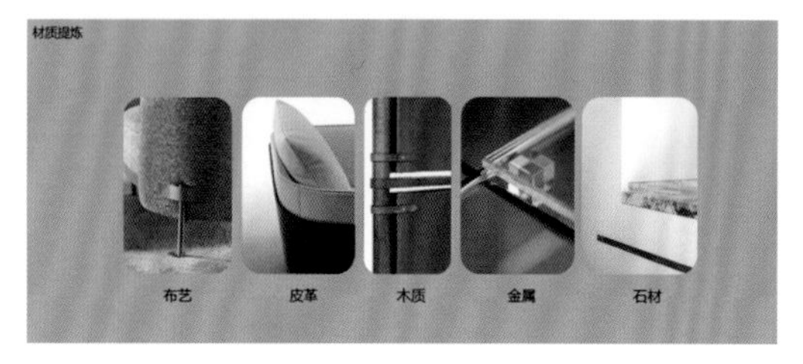

图 5-41 材质计划

配合风格定位，材质选择低调而奢华

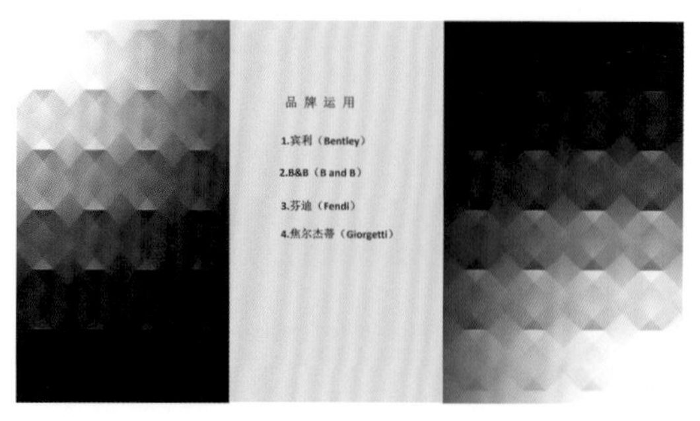

图 5-42 陈设产品品牌运用

业主经济实力雄厚，陈设产品可选择优质品牌，显得优雅高贵而有内涵

（2）一层陈设设计方案（图 5-43~图 5-51）

一层主要功能区：客厅、餐厅、老人房、厨房、卫生间。

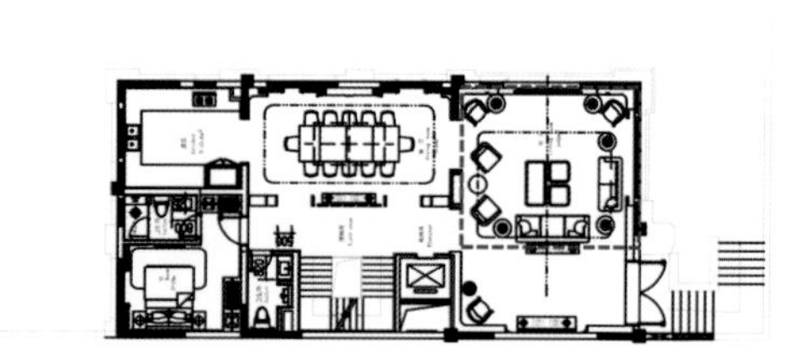

图 5-43 一层平面图

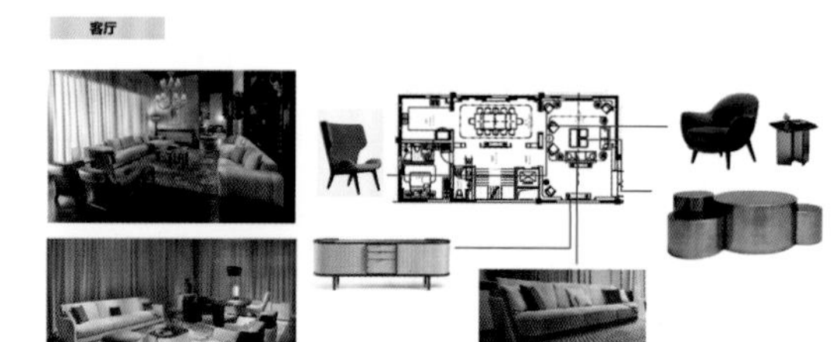

图 5-44 客厅陈设意向

图 5-45 客厅饰品意向

仪式感是为了体现生活的真谛

餐厅

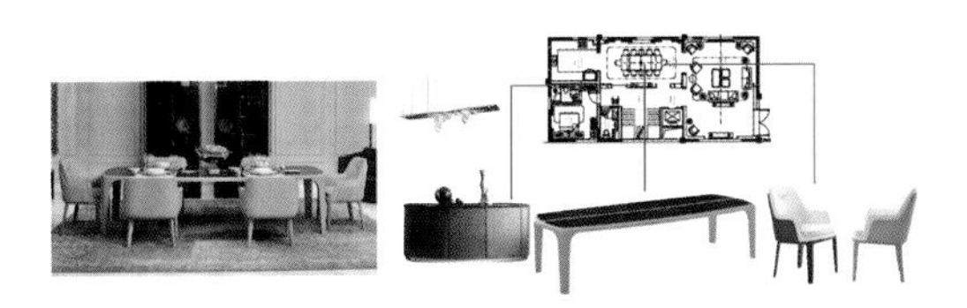

图 5-46 餐厅陈设意向

图 5-47 餐厅饰品意向

餐厅屏风示意图

图 5-48 餐厅屏风意向

老人房

图 5-49 老人房陈设意向

厨房

图 5-50 厨房饰品意向

卫生间

图 5-51 一层卫生间饰品意向

（3）二层陈设设计方案（图 5-52~ 图 5-59）

二层主要功能区：女儿房、儿子房、卫生间、电梯间。

二层平面图

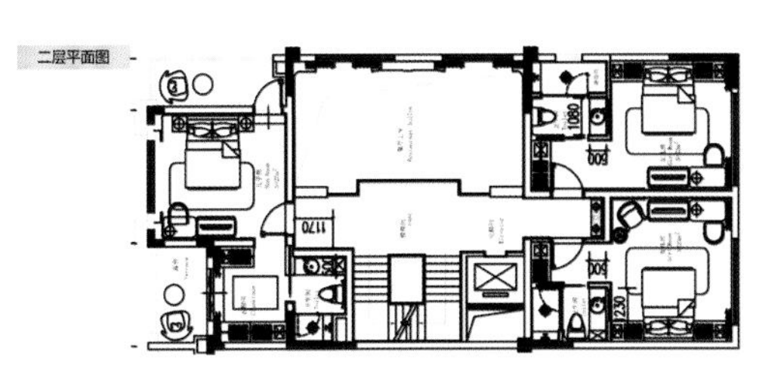

图 5-52 二层平面图

女儿房

图 5-53 女儿房陈设意向

每个女孩内心都有一个粉红色的公主梦

女儿房卫生间

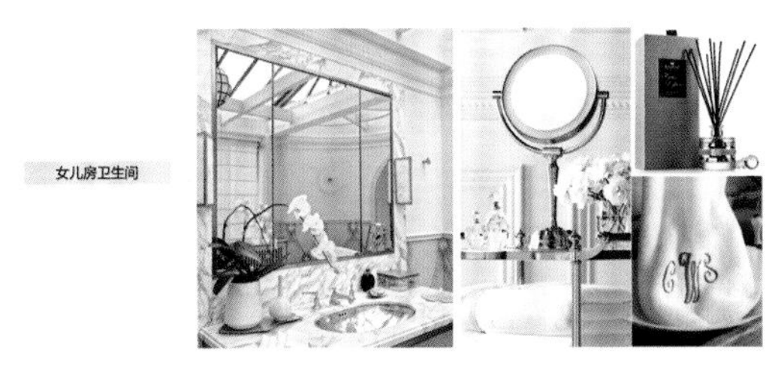

图 5-54 女儿房卫生间陈设意向

Note：

图 5-55 儿子房陈设意向

图 5-56 儿子房阳台陈设意向

图 5-57 儿子房衣帽间陈设意向

图 5-58 儿子房卫生间陈设意向

图 5-59 二层电梯间陈设意向

（4）三层陈设设计方案（图 5-60~ 图 5-67）

三层主要功能区：主卧、男主人衣帽间、女主人衣帽间、电梯间、卫生间。

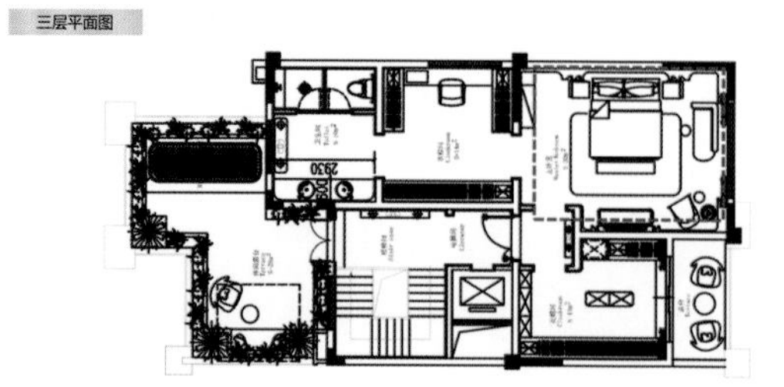

图 5-60 三层平面图

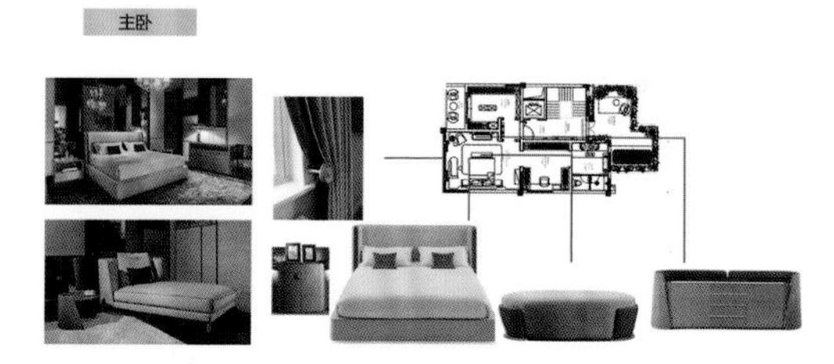

图 5-61 主卧陈设意向（1）

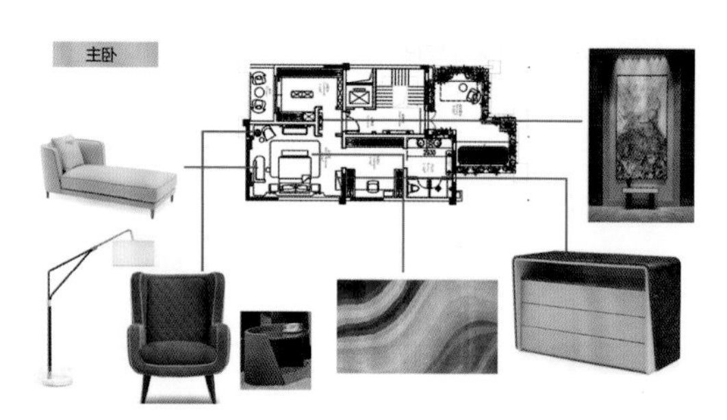

图 5-62 主卧陈设意向（2）

主卧空间较大，窗边配置了一张贵妃椅，使空间更加饱和。主人在闲暇时间，可以躺在舒适的椅子上喝茶看书

图 5-63 主卧饰品摆件意向

Note：

男主人衣帽间

图 5-64 男主人衣帽间陈设意向

女主人衣帽间

图 5-65 女主人衣帽间陈设意向

主卧卫生间

图 5-66 主卧卫生间配饰意向

电梯间

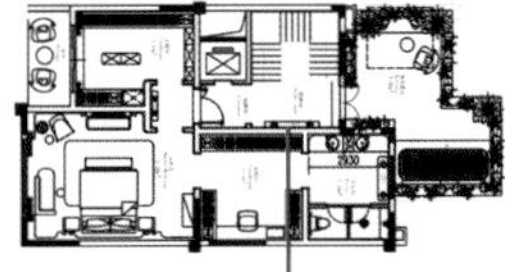

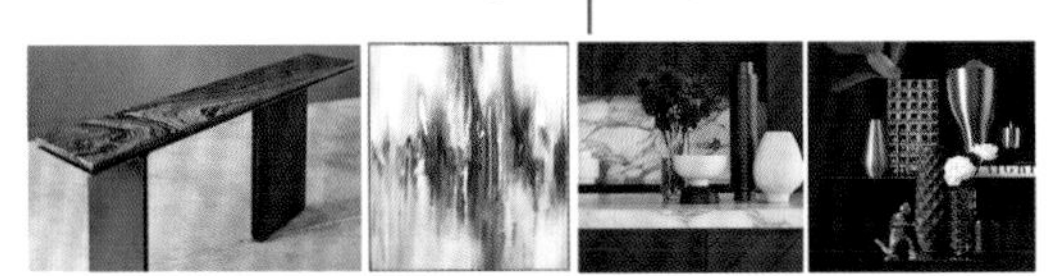

图 5-67 三层电梯间陈设意向

Note：

（5）负二层陈设设计方案（图 5-68~ 图 5-75）

负二层主要功能区：红酒 / 雪茄吧、茶艺吧、家庭影院、健身房、卫生间、车库、库房。

负二层平面图

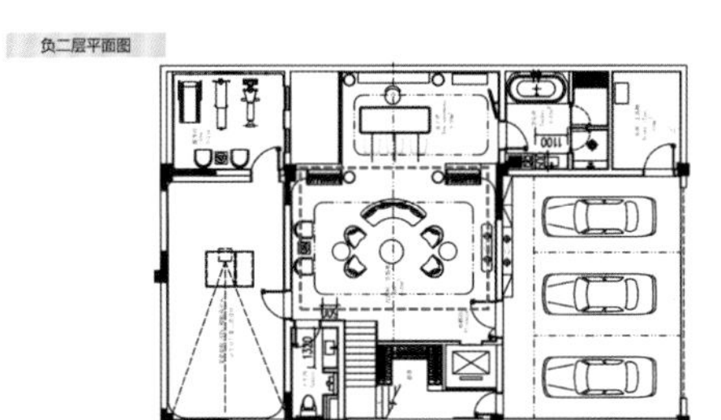

图 5-68 负二层平面图

红酒/雪茄吧

图 5-69 红酒 / 雪茄吧陈设意向（1）

红酒/雪茄吧

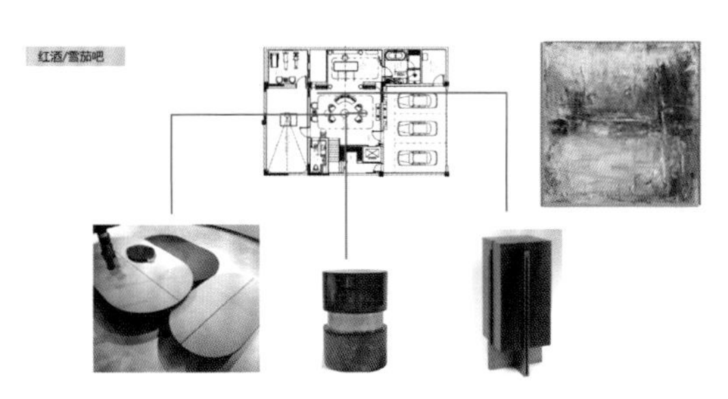

图 5-70 红酒 / 雪茄吧陈设意向（2）

图 5-71 红酒 / 雪茄吧饰品意向

茶艺吧

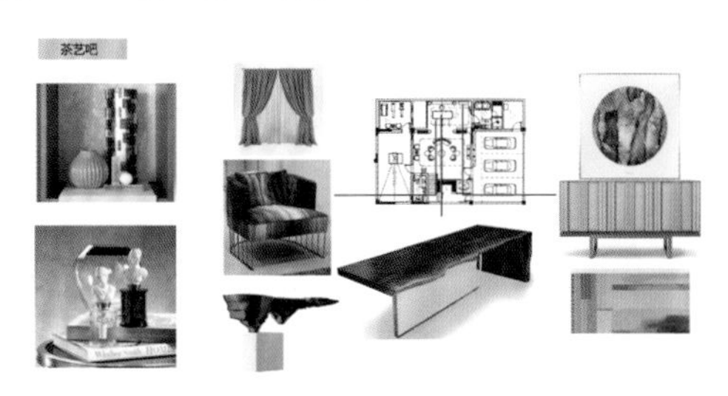

图 5-72 茶艺吧陈设意向

图 5-73 家庭影院陈设意向

健身房

图 5-74 健身房陈设意向

卫生间

图 5-75 负二层卫生间陈设意向

（6）负一层陈设设计方案（图 5-76~ 图 5-88）

负一层主要功能区：门厅、音乐厅、书吧、休闲区、客房、保姆房、卫生间。

负一层平面图

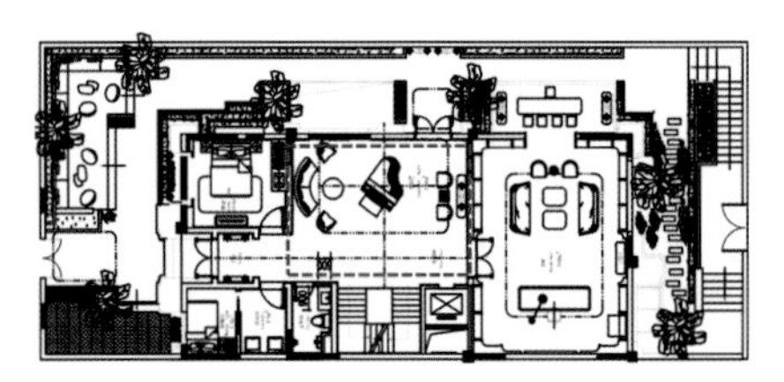

图 5-76 负一层平面图

门厅

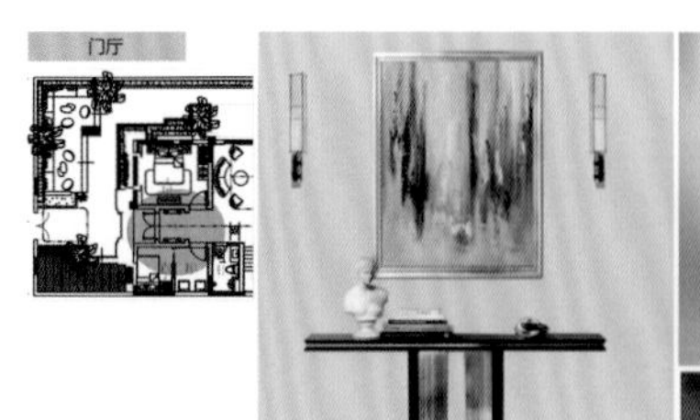

图 5-77 门厅陈设意向

音乐厅

图 5-78 音乐厅陈设意向（1）

音乐厅布置集亲子空间、娱乐空间于一体，主人可在温馨的气氛中演奏一首音乐，在和谐的氛围里享受家庭的温暖

音乐厅

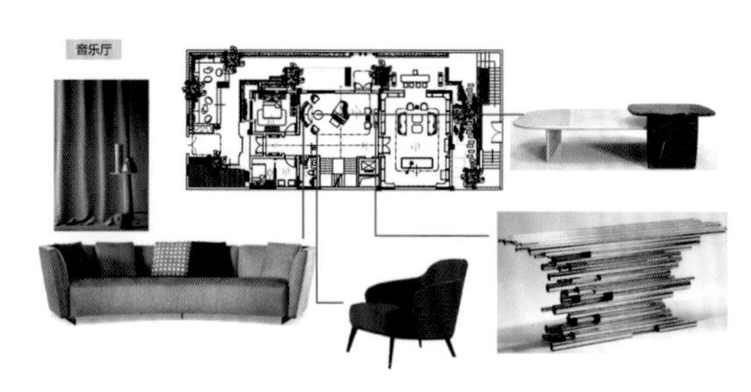

图 5-79 音乐厅陈设意向（2）

音乐厅

图 5-80 音乐厅陈设意向（3）

Note：

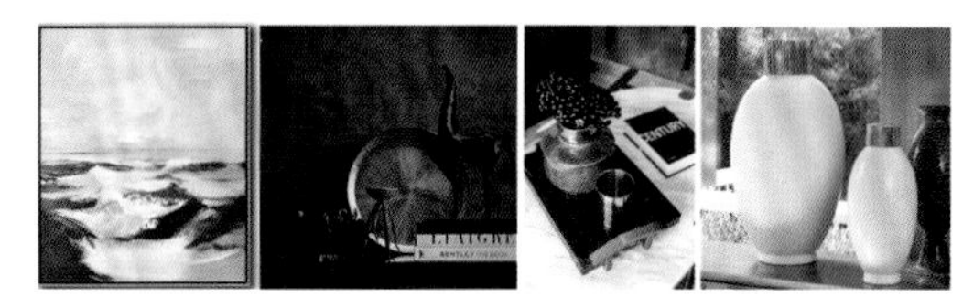

图 5-81 音乐厅饰品意向

图 5-82 书吧效果

图 5-83 书吧陈设意向（1）

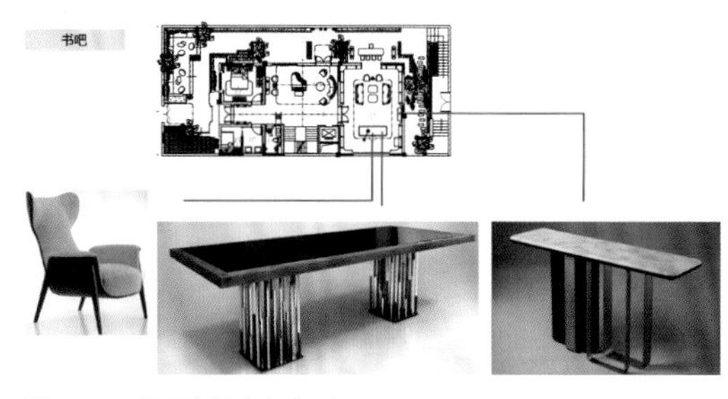

图 5-84 书吧陈设意向（2）

图 5-85 书吧饰品意向

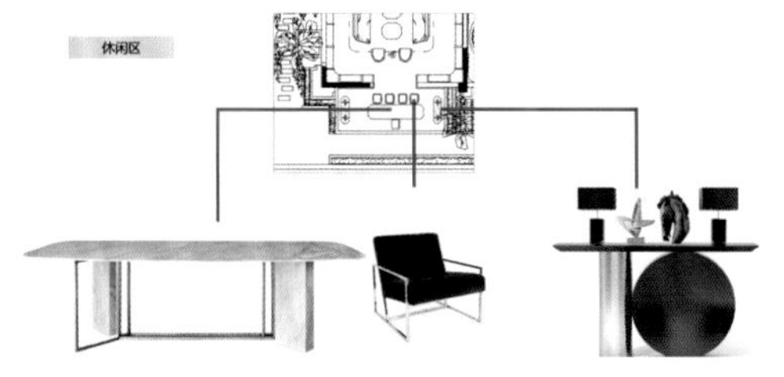

图 5-86 负一层休闲区陈设意向

图 5-87 客房陈设意向

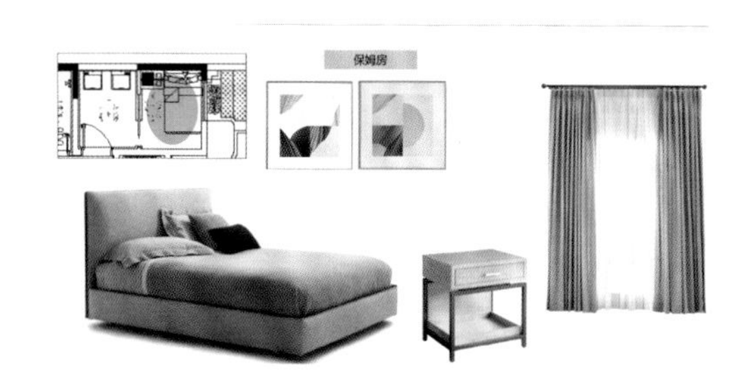

图 5-88 保姆房陈设意向

5.3.2 学生课程设计作业

新中式风格住宅室内陈设设计方案（图 5-89），作者：何丹，指导老师：何杨。本方案为课程设计作业，设计住宅面积 68 ㎡，业主是一对退休夫妻。

Note：

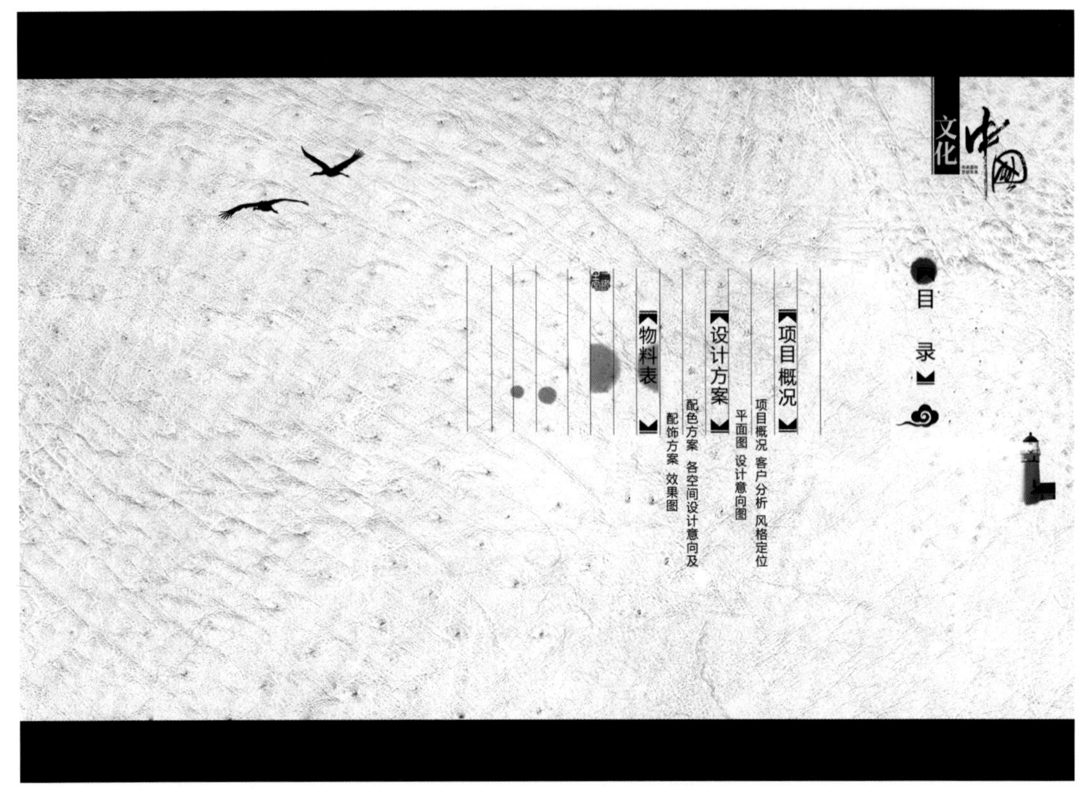

图 5-89 目录

（1）项目概况与设计定位（图 5-90~ 图 5-97）

图 5-90 项目概况

图 5-91 风格阐述

图 5-92 中式元素阐述（1）

【中式元素】

曲则全，枉则直，洼则盈，敝则新，少则得，多则惑。

——老子

能柔曲因应则能自我成全，懂得枉屈绕行则能迅捷直达，能不断地凹陷成"盅"则能不断地自我充盈，懂得护守现成的稳定则能得到真正的逐渐更新，少取则真得，贪多则反而导致自身的混乱。

图 5-93 中式元素阐述（2）

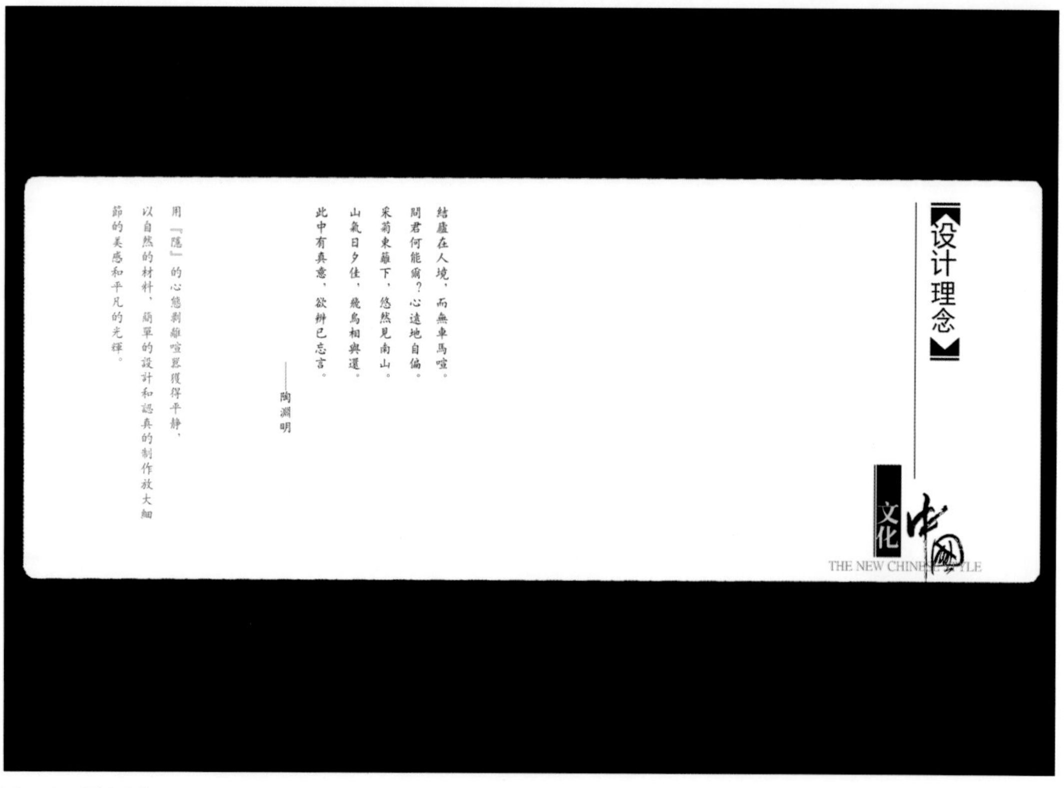

图 5-94 设计理念

图 5-95 设计意向

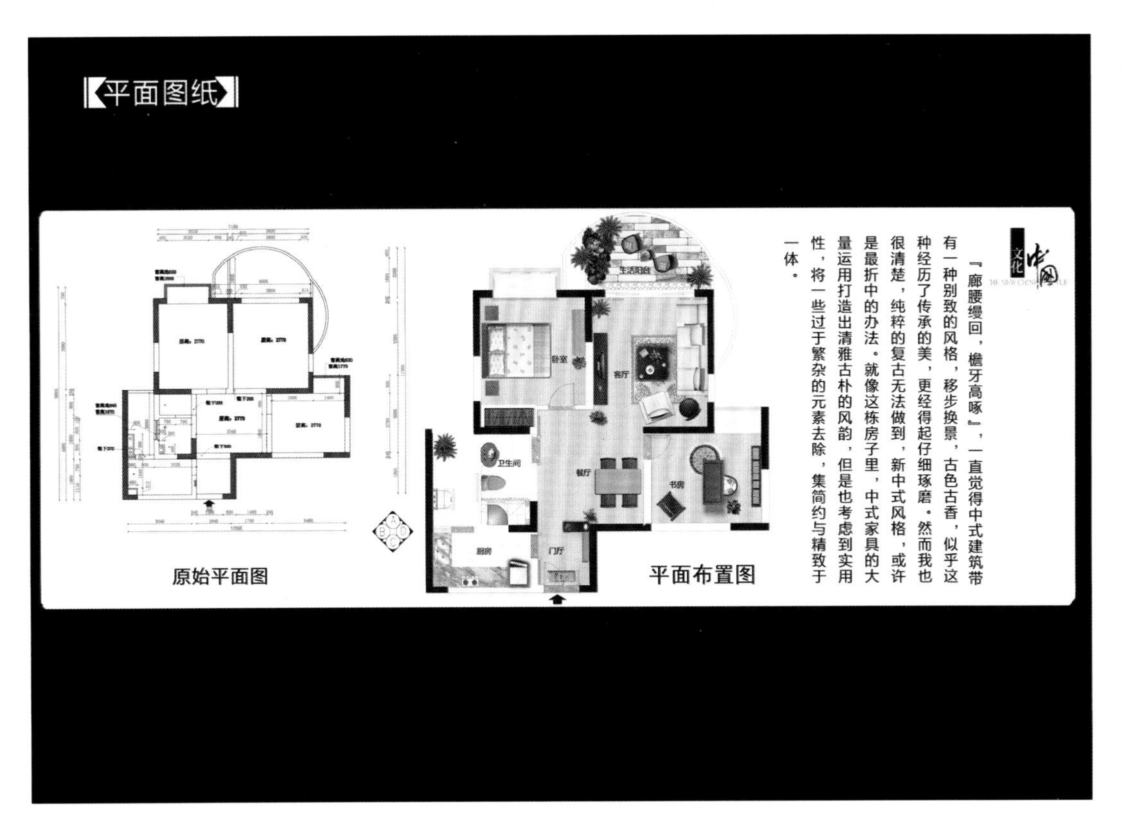

图 5-96 平面图纸

【配色方案】
Color Matching

图 5-97 配色方案

（2）各功能空间陈设设计方案（图 5-98~ 图 5-115）

主要功能空间：客厅、餐厅、书房、卧室、阳台、门厅、卫生间。

图 5-98 客厅

图 5-99 客厅陈设意向

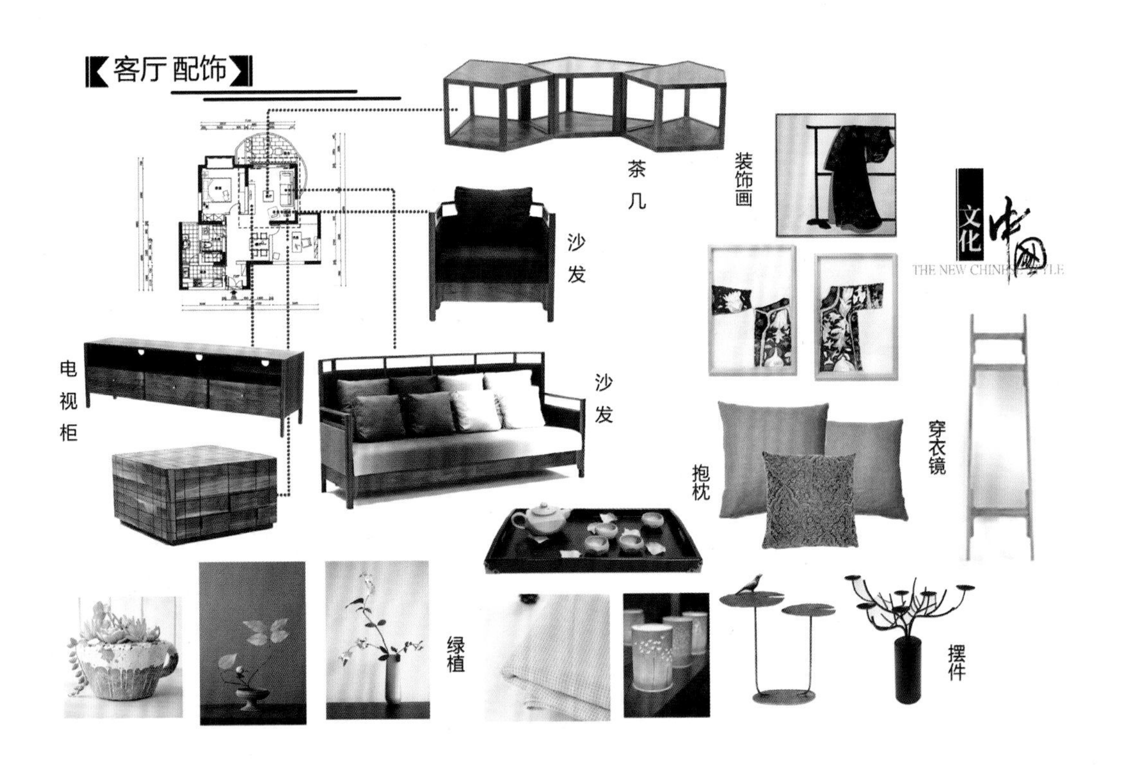

图 5-100 客厅配饰方案

告别喧嚣回到家中，让你的心灵实现一次静谧的穿越，尽情地享受甜蜜的茶香。如果你已经沉迷于浓浓的茶韵，请不要醉去，因为，它只是你家中的一种韵味。捧一本书侧身在摇椅上，探一回古今中外，求一次淡定神闲。或者，你也可以拉开柔柔的窗帘，闭上双眼，捋一捋暖暖的阳光。当你家中的每一个角落都充满了如此迷人的魅力，那就请放松下来细心品味吧。

图 5-101 客厅陈设效果

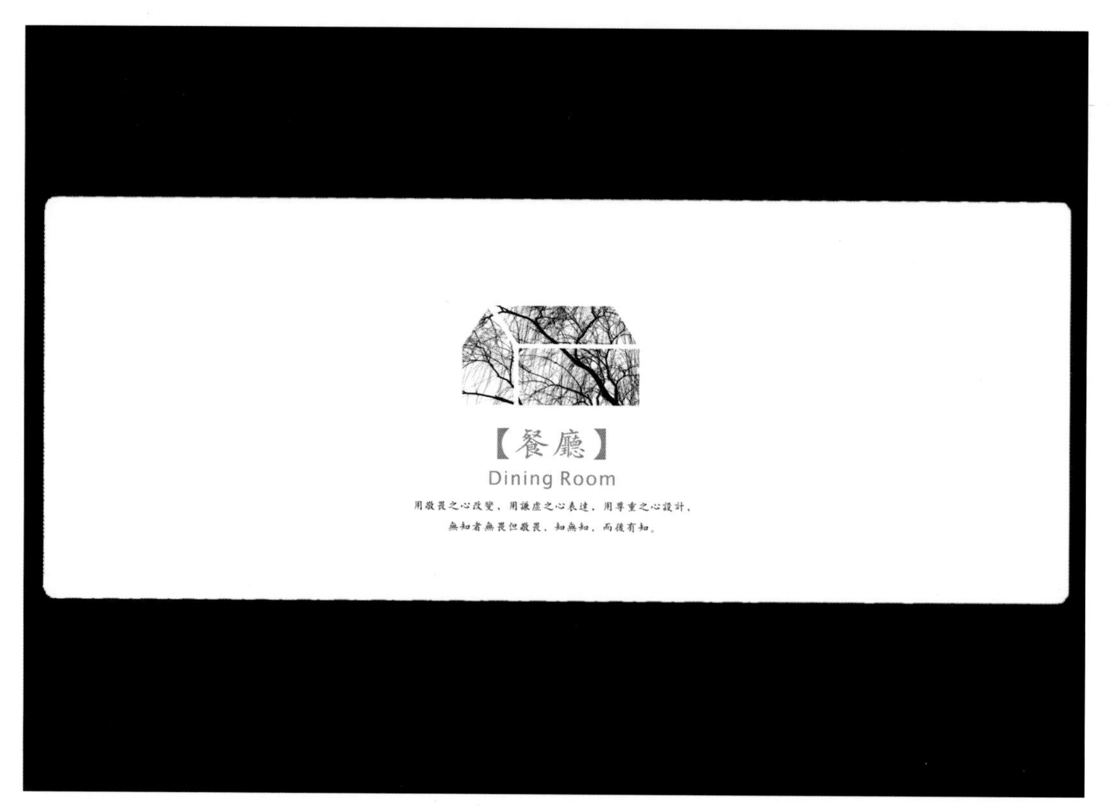

图 5-102 餐厅

图 5-103 餐厅陈设意向

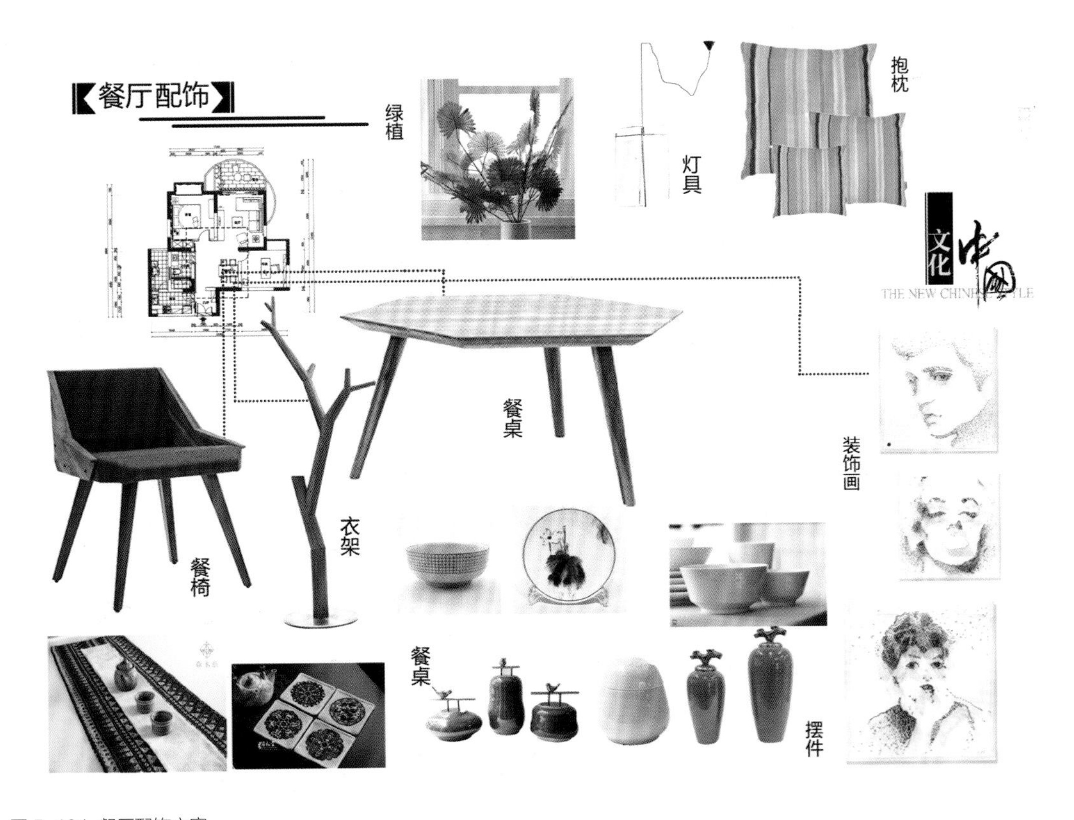

图 5-104 餐厅配饰方案

图 5-105 餐厅陈设效果

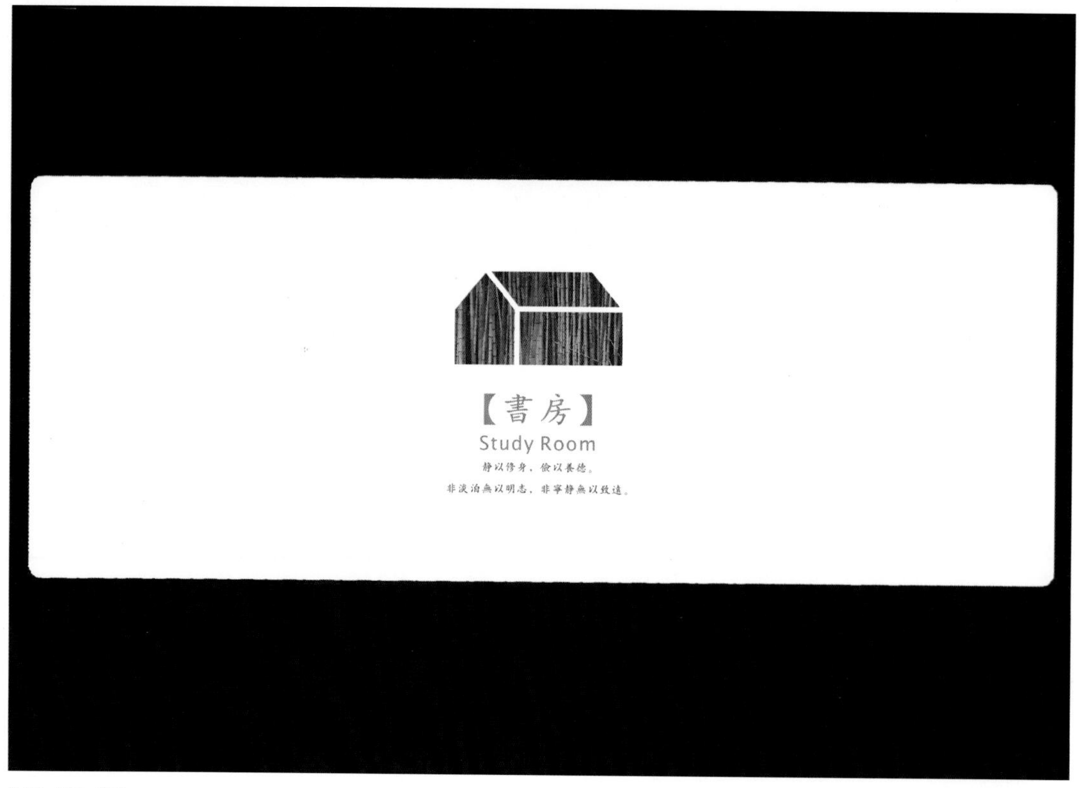

图 5-106 书房

图 5-107 书房陈设意向

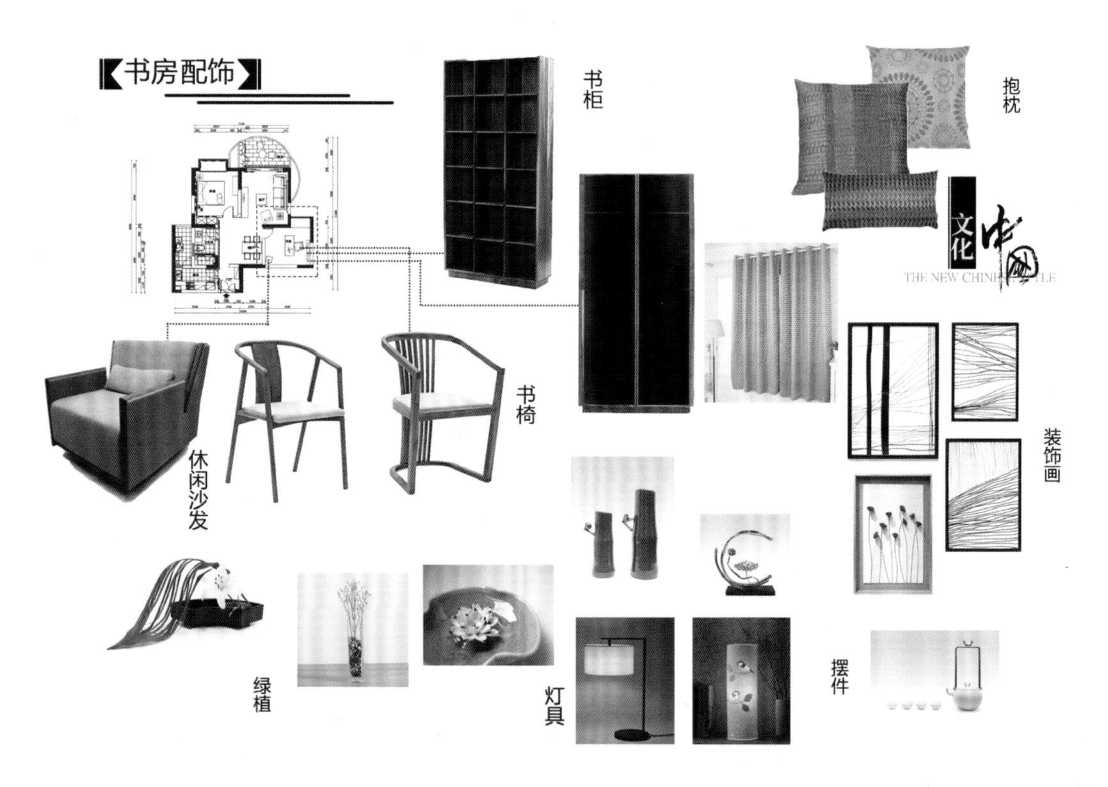

图 5-108 书房配饰方案

【书房效果】

The effect of technique

新中式传统风格一般要求朴实、典雅，体现传统意义上“书斋”的韵味。这种书房风格主要体现在家具的设计上，以方正的线条为主，置入中式家具，加上中式书柜、茶几及屏风，以中国字画和古玩等点缀其间，就构成一幅中式风格的书房蓝图。

图 5-109 书房陈设效果

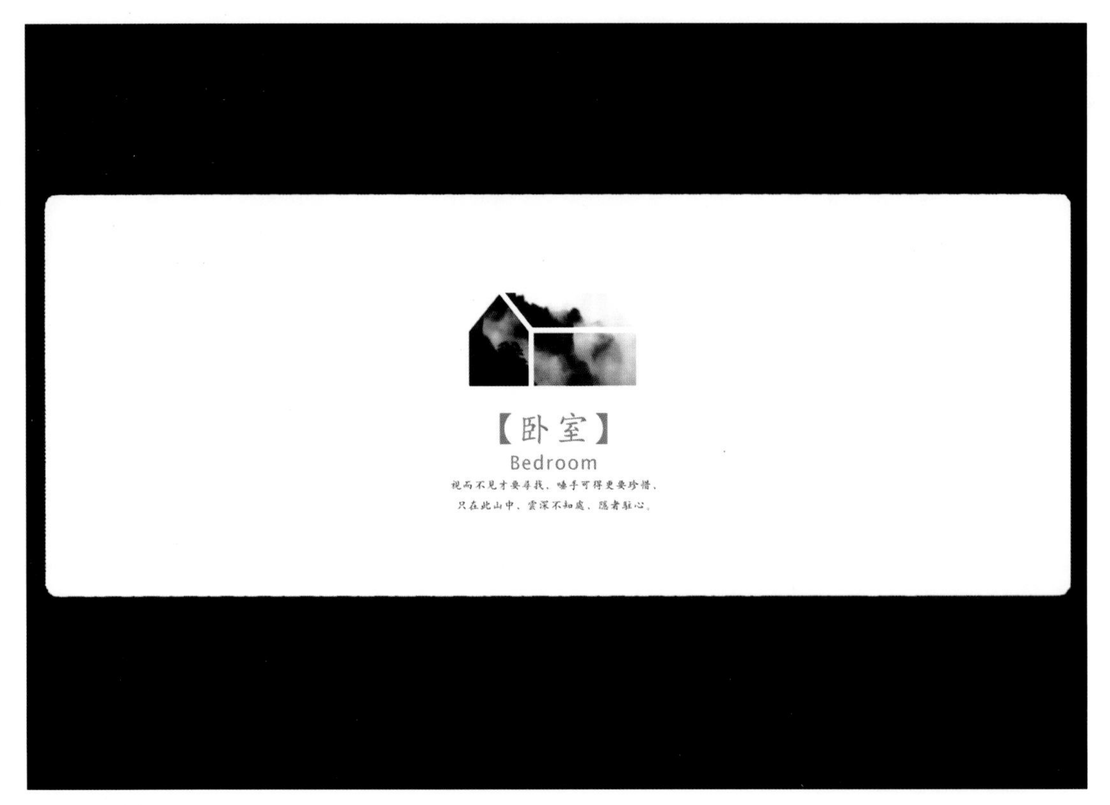

图 5-110 卧室

图 5-111 卧室陈设意向

图 5-112 卧室配饰方案

图 5-113 卧室陈设效果

图 5-114 其他空间（阳台、门厅、卫生间）陈设意向

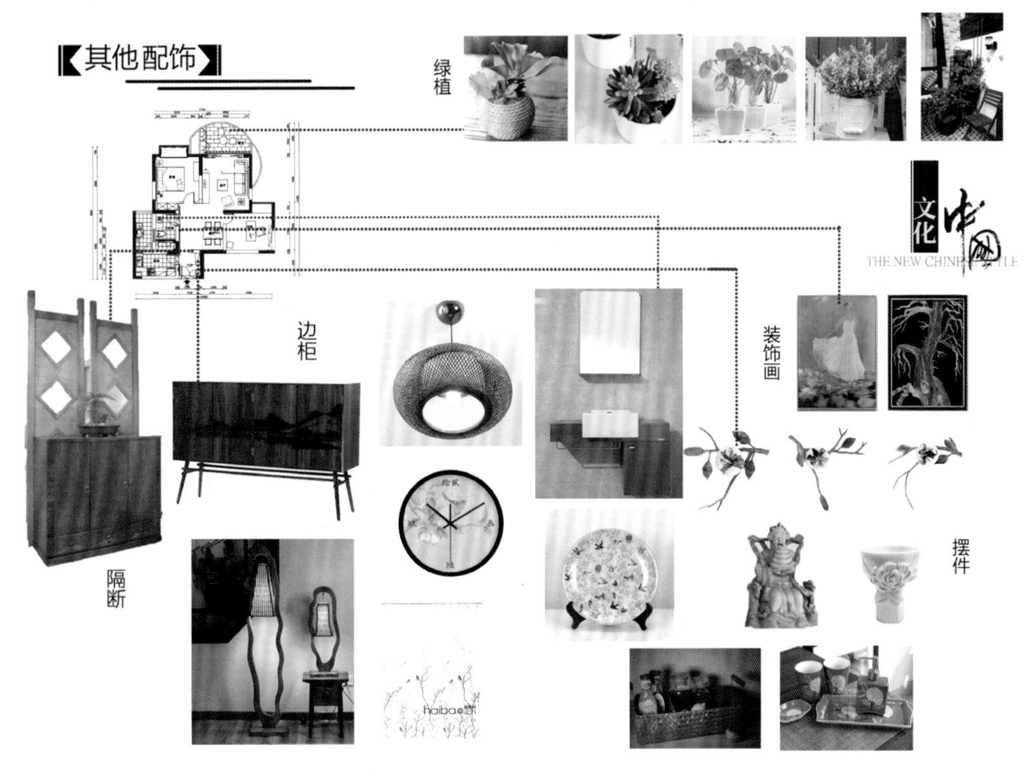

图 5-115 其他空间（阳台、门厅、卫生间）配饰方案

（3）物料表（图 5-116~ 图 5-118）

大致要标明的信息有陈设产品图片、产品名称、规格、材质、数量、陈设位置、产地（厂商）等。

物 料 表

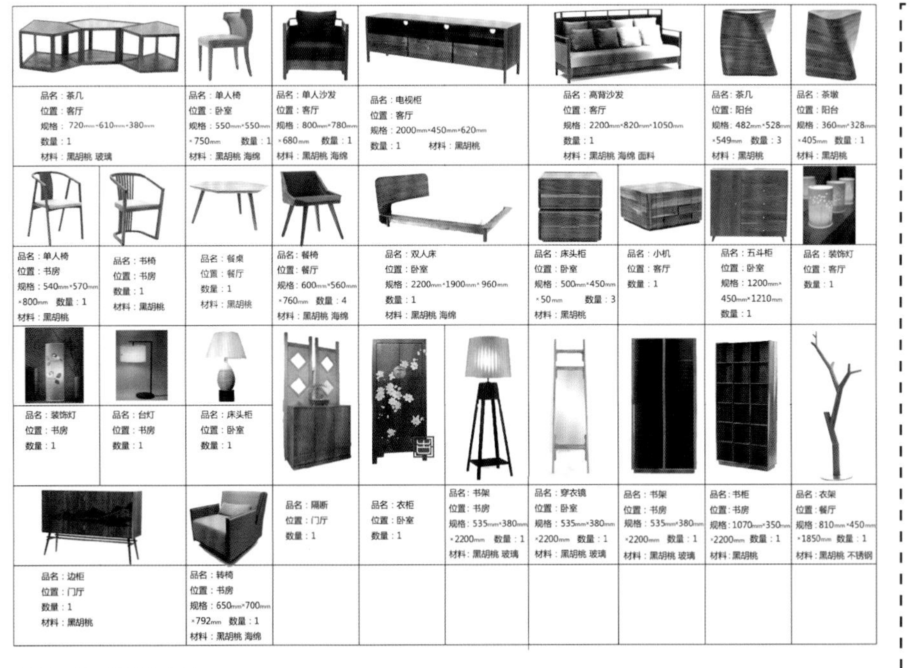

品名	位置	规格	数量	材料
茶几	客厅	720mm×610mm×380mm	1	黑胡桃 玻璃
单人椅	卧室	550mm×550mm×750mm	1	黑胡桃 海绵
单人沙发	客厅	800mm×780mm×680mm	1	黑胡桃 海绵
电视柜	客厅	2000mm×450mm×620mm	1	黑胡桃
高背沙发	客厅	2200mm×820mm×1050mm	1	黑胡桃 海绵 面料
茶几	阳台	482mm×528mm×549mm	3	黑胡桃
茶墩	阳台	360mm×328mm×405mm	1	黑胡桃
单人椅	书房	540mm×570mm×800mm	1	黑胡桃
书椅	书房		1	黑胡桃
餐桌	餐厅		1	黑胡桃
餐椅	餐厅	600mm×560mm×760mm	4	黑胡桃 海绵
双人床	卧室	2200mm×1900mm×960mm	1	黑胡桃 海绵
床头柜	卧室	500mm×450mm×50mm	3	黑胡桃
小机	客厅		1	
五斗柜	卧室	1200mm×450mm×1210mm	1	
装饰灯	客厅		1	
装饰灯	书房		1	
台灯	书房		1	
床头柜	卧室		1	
隔断	门厅		1	
衣柜	卧室		1	
书架	书房	535mm×380mm×2200mm	1	黑胡桃 玻璃
穿衣镜	卧室	535mm×380mm×2200mm	1	黑胡桃 玻璃
书架	书房	535mm×380mm×2200mm	1	黑胡桃 玻璃
书柜	书房	1070mm×350mm×2200mm	1	黑胡桃
衣架	餐厅	810mm×450mm×1850mm	1	黑胡桃 不锈钢
边柜	门厅		1	黑胡桃
转椅	书房	650mm×700mm×792mm	1	黑胡桃 海绵

图 5-116 物料表（1）

Note :

【物料表】

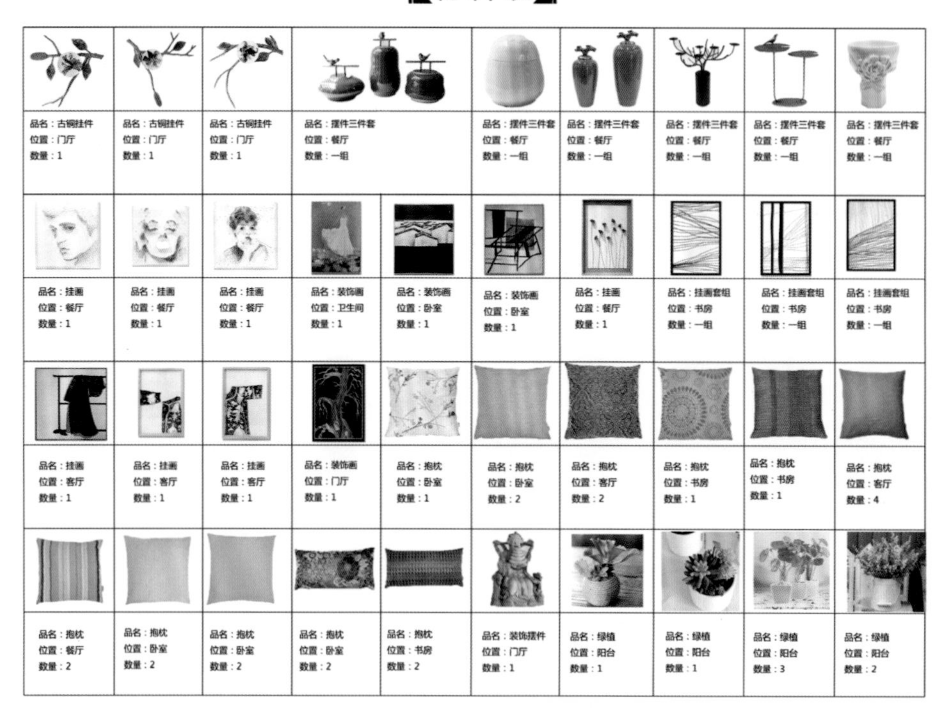

品名：古铜挂件 位置：门厅 数量：1	品名：古铜挂件 位置：门厅 数量：1	品名：古铜挂件 位置：门厅 数量：1	品名：摆件三件套 位置：餐厅 数量：一组		品名：摆件三件套 位置：餐厅 数量：一组	品名：摆件三件套 位置：餐厅 数量：一组	品名：摆件三件套 位置：餐厅 数量：一组	品名：摆件三件套 位置：餐厅 数量：一组	品名：摆件三件套 位置：餐厅 数量：一组
品名：挂画 位置：餐厅 数量：1	品名：挂画 位置：餐厅 数量：1	品名：挂画 位置：餐厅 数量：1	品名：装饰画 位置：卫生间 数量：1	品名：装饰画 位置：卧室 数量：1	品名：装饰画 位置：卧室 数量：1	品名：挂画 位置：餐厅 数量：1	品名：挂画套组 位置：书房 数量：一组	品名：挂画套组 位置：书房 数量：一组	品名：挂画套组 位置：书房 数量：一组
品名：挂画 位置：客厅 数量：1	品名：挂画 位置：客厅 数量：1	品名：挂画 位置：客厅 数量：1	品名：装饰画 位置：门厅 数量：1	品名：抱枕 位置：卧室 数量：1	品名：抱枕 位置：卧室 数量：2	品名：抱枕 位置：客厅 数量：2	品名：抱枕 位置：书房 数量：1	品名：抱枕 位置：书房 数量：1	品名：抱枕 位置：客厅 数量：4
品名：抱枕 位置：餐厅 数量：2	品名：抱枕 位置：卧室 数量：2	品名：抱枕 位置：卧室 数量：2	品名：抱枕 位置：卧室 数量：2	品名：抱枕 位置：书房 数量：2	品名：装饰摆件 位置：门厅 数量：1	品名：绿植 位置：阳台 数量：1	品名：绿植 位置：阳台 数量：1	品名：绿植 位置：阳台 数量：3	品名：绿植 位置：阳台 数量：2

图 5-117 物料表（2）

【物料表】

品名：窗帘 位置：客厅 数量：2	品名：窗帘 位置：卧室 数量：2	品名：窗帘 位置：书房 数量：1	品名：浴帘 位置：卫生间 数量：1	品名：桌布 位置：餐厅 数量：1	品名：青花杯垫 位置：餐厅 数量：一组	品名：绿植 位置：餐厅 数量：1	品名：餐具 位置：餐厅 数量：一组	品名：餐具 位置：餐厅 数量：一组	品名：实木卫浴套组 位置：卫生间 数量：一组
品名：绿植 位置：客厅 数量：1	品名：绿植 位置：客厅 数量：1	品名：绿植 位置：客厅 数量：1	品名：绿植 位置：客厅 数量：1	品名：绿植 位置：卧室 数量：1	品名：插花 位置：书房 数量：1	品名：盆景 位置：阳台 数量：一组	品名：绿植 位置：书房 数量：1	品名：洗浴套组 位置：卫生间 数量：一组	
品名：托盘 位置：客厅 数量：一组		品名：小夜灯 位置：卧室 数量：1	品名：摆件 位置：卧室 数量：一组	品名：摆件 位置：卧室 数量：一组	品名：装饰摆件 位置：餐厅 数量：1	品名：摆件 位置：书房 数量：1	品名：摆件 位置：书房 数量：一组	品名：摆件 位置：书房 数量：1	品名：摆件 位置：书房 数量：2
品名：灯具 位置：客厅 数量：1	品名：藤制收纳 位置：卫生间 数量：1	品名：灯具 位置：餐厅 数量：1							

图 5-118 物料表（3）

参考文献

[1] 派尔 . 世界室内设计史 [M]. 刘先觉，等译 . 北京：中国建筑工业出版社，2003.

[2] 李江军，等 . 软装设计元素搭配手册 [M]. 北京：化学工业出版社，2018.

[3] 简名敏 . 软装设计师手册 [M]. 南京：江苏人民出版社，2011.

[4] 高钰 . 室内设计风格图文速查 [M]. 北京：机械工业出版社，2010.

[5] 严建中 . 软装设计教程 [M]. 南京：江苏人民出版社，2013.

[6] 康海飞 . 家具设计资料图集 [M]. 上海：上海科学技术出版社，2008.

[7] 沈毅 . 设计师谈家居色彩搭配 [M]. 北京：清华大学出版社，2013.

[8] 黄艳 . 陈设艺术设计 [M]. 合肥：安徽美术出版社，2006.

[9] 陈卢鹏 . 室内陈设设计 [M]. 哈尔滨：哈尔滨工程大学出版社，2015.

[10] 戴昆 . 室内色彩设计学习 [M]. 北京：中国建筑工业出版社，2014.

后记

2009 年，中南林业科技大学家具与艺术设计学院要新开设陈设产品设计专业方向，我有幸参与了部分筹备工作，从此开始全面关注陈设产品设计与室内陈设设计，并开展了相关的教学和设计工作。几年下来，我虽有所心得和收获，但并没有去系统地梳理成文。我们家具与艺术设计学院院长刘文金教授组织的室内陈设设计丛书编写，对我个人来说是一次很好的学习经历。在大家的鼓励和帮助之下，我终于完成了《住宅室内陈设设计》书稿的编写。在此我要感谢这些给我鼓励和帮助的人。

我的同事吕柠妍老师，积极参与这本书的编写工作，并完成了部分章节的编写与修改。

设计师马约山先生、湖南非同设计咨询有限公司彭薇娜女士为本书提供了大量设计案例和图片，他们的分享让这本书的内容更加充实和丰富。

同事刘文海老师、邓莉文老师、汪溟老师为本书提供了部分资料，并提出了中肯建议，为编写工作提供了强有力的支持。

我的学生藤月、何丹、朱彦蓓等也为本书提供了一些相关图片。

湖南大学出版社的贾志萍老师给了我很多鼓励和支持,并在编写过程中提出了大量宝贵意见。

在这里我还要感谢我的家人一直以来对我工作的支持。

何杨

2019 年 5 月 16 日于长沙